PC・IT
図解

仕組みを知って仕事に生かす！

Machine Learning & Deep Learning

機械学習

の

技術としくみ

［著］金城俊哉

秀和システム

はじめに

　「機械学習」、「ディープラーニング」など、AIに関連した用語を頻繁に耳にします。文系、理系を問わず、また興味があってもなくても、ニュースなどから「ChatGPT」や「Bard（バード）」など、AIに関する情報が日々届いていることでしょう。AIといえば「人工知能」のことですが、本書で取り上げた「機械学習」は、AIを実現する核（コア）となる技術です。人間に近い知的活動を実現するべく、膨大なデータを学習し、意思決定に応用しようというのが「機械学習」です。

　そこで、「機械学習とは何か」を知りたい方のために、この本は書かれました。本書を読めば、「ChatGPT」や「Bard」などの「生成AI」や「大規模言語モデル」の基礎技術が身に付きます。図版による解説にも力を入れましたので、本文中の下線の引いてある文章だけを読んで、図版を眺めるといった読み方でも全体の流れをイメージできると思います。

- **対象読者**：本書は、機械学習に興味のある方、機械学習をこれから学ぼうと思っている方を対象にしています。ときおり、根本から原理を知りたい方のために数式を使って説明する箇所がありますが、面倒であれば読み飛ばしてください。数式を理解しなくてもプログラミングの説明に進むことはできます。

- **本書の使い方**：本書では「ハンズオン」と称して、実際に機械学習のプログラミングを行う項目を適宜設けています。開発環境を用意する方法は巻末の資料で紹介していますが、基本的な文法等は解説していません。ハンズオンの箇所はプログラミングの知識が前提となりますので、未経験の方はプログラミング言語「Python」の入門書などをあたっていただけたらと思います。

　本書は8つの章（合計48単元）および巻末の資料から構成されています。7ページでは、各章の概要を図にまとめています。これを見て、気になった章から先に読み進めていくのもよいかと思います。

　最後になりましたが、本書が機械学習について知りたい方、学び始める方のお役に立てることを心から願っております。

2023年9月　金城 俊哉

CONTENTS

03 回帰モデルによる予測

04 サポートベクターマシン (SVM)

05 決定木とアンサンブル学習

06 | ディープラーニング

07 | 教師なし学習

08 | 生成型学習

A | 資料

本書の特徴と各章の構成

　この本は、「図を見て概念的なことから理解する」をテーマにした機械学習の解説書です。図解の体裁をとっていますが、多くの場面でハンズオン（体験学習）の項目を設けました。概念、仕組みを理解したあとで、実際に機械学習のプログラミングを体験できるのが特徴です。

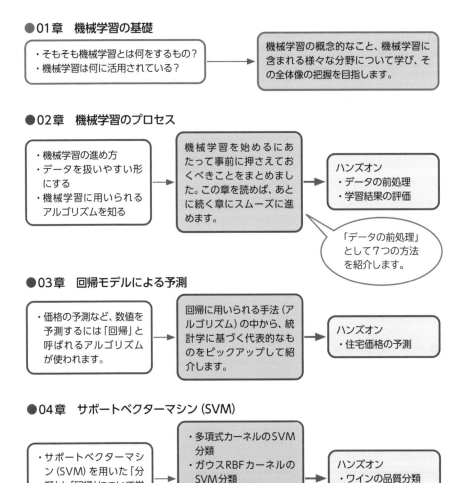

● 01章　機械学習の基礎

・そもそも機械学習とは何をするもの？
・機械学習は何に活用されている？

機械学習の概念的なこと、機械学習に含まれる様々な分野について学び、その全体像の把握を目指します。

● 02章　機械学習のプロセス

・機械学習の進め方
・データを扱いやすい形にする
・機械学習に用いられるアルゴリズムを知る

機械学習を始めるにあたって事前に押さえておくべきことをまとめました。この章を読めば、あとに続く章にスムーズに進めます。

ハンズオン
・データの前処理
・学習結果の評価

「データの前処理」として7つの方法を紹介します。

● 03章　回帰モデルによる予測

・価格の予測など、数値を予測するには「回帰」と呼ばれるアルゴリズムが使われます。

回帰に用いられる手法（アルゴリズム）の中から、統計学に基づく代表的なものをピックアップして紹介します。

ハンズオン
・住宅価格の予測

● 04章　サポートベクターマシン（SVM）

・サポートベクターマシン（SVM）を用いた「分類」と「回帰」について学びます。

・多項式カーネルのSVM分類
・ガウスRBFカーネルのSVM分類
・線形のSVM回帰
・ガウスRBFカーネルのSVM回帰

ハンズオン
・ワインの品質分類
・住宅価格の予測

●05章　決定木とアンサンブル学習

・「決定木」アルゴリズム
を用いた「分類」と「回
帰」について学びます。

→

・決定木の回帰モデルと
　分類モデル
・ランダムフォレスト回
　帰、分類モデル
・勾配ブースティング回
　帰木、決定木モデル

→

ハンズオン
・植物の品種分類
・ワインの品質分類
・住宅価格の予測

●06章　ディープラーニング

ディープラーニングの
手法について学びます。

→

・多層パーセプトロンを
　メインに、「ニューロン
　の活性化」、「ネットワー
　クの順伝播処理」、「出力
　誤差の逆伝播処理」な
　ど、ディープラーニング
　に必須の知識を理解し
　ます。
・「画像分類」の応用版「物
　体検出」についても紹介
　しています。

→

ハンズオン
・モノクロ画像の分類
・カラー画像の分類

●07章　教師なし学習

| 主成分分析 | → | 次元削減 | → | ハンズオン |
| クラスター分析 | → | k-means法によるグループ分け | → | ・植物の品種分類
・ワインの品質分類 |

●08章　生成型学習

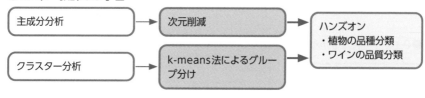

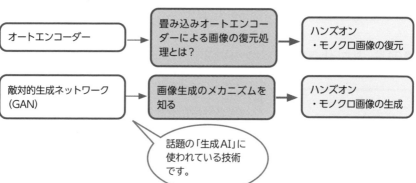

オートエンコーダー　→　畳み込みオートエンコーダーによる画像の復元処理とは？　→　ハンズオン　・モノクロ画像の復元

敵対的生成ネットワーク（GAN）　→　画像生成のメカニズムを知る　→　ハンズオン　・モノクロ画像の生成

話題の「生成AI」に
使われている技術
です。

機械学習の基礎

　この本で扱う「機械学習」では、主に「コンピューターでデータを分析する」ということをやります。ただし、そこでは様々な手法が使われ、その目的も多岐にわたります。

　本章では、

- 機械学習とはそもそも何をするものなのか
- 機械学習にはどのようなメリットがあって、何に生かされているのか

等を中心に、機械学習の全体的な概要について見ていきます。

01 機械学習とは

　人工知能 (AI) の研究分野の1つに**機械学習** (Machine Learning) があります。機械学習とは文字通り、「機械 (コンピューター)」が「学習 (または訓練)」することを指す用語として使われています。

●人工知能と機械学習

　人工知能 (AI*) の定義には諸説ありますが、一般的に「人間の知的能力をコンピューター上で実現する技術の総称」とされています。人間の「知的な行動」をコンピューターに行わせる技術とされていて、『ターミネーター』の「スカイネット」や『バイオハザード』の「レッドクイーン」をイメージしてもらうとわかりやすいでしょう。映画に登場する想像上のものではありますが、人間と同じかそれ以上の知的処理が行える、完成された人工知能です。

　対して機械学習は、**パターン認識**という技術によって、人間の知的な行動の一部を模倣します。知能そのものといえるほど高度ではなく、大量のデータをひたすら読み込んで分析 (学習) することでデータの傾向 (パターン) を作り上げ、それに基づく答えを導き出します。ただし、知能に基づいた「認識」や「判断」は行えないので、数学の「確率」を用いて答えを出します。

01-01　知能による「認識」

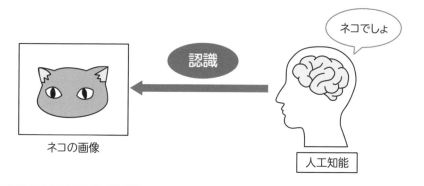

ネコの画像　　　認識　　　ネコでしょ　　　人工知能

＊**AI**　Artificial Intelligenceの略。

01-02　機械学習では「予測」する

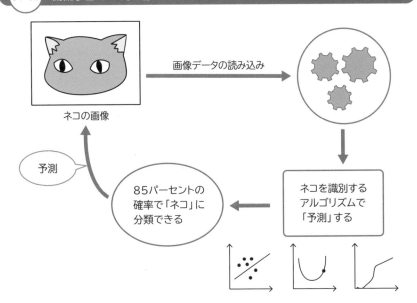

ネコの画像

画像データの読み込み

予測

85パーセントの確率で「ネコ」に分類できる

ネコを識別するアルゴリズムで「予測」する

01-03　画像を認識（予測）するための機械学習

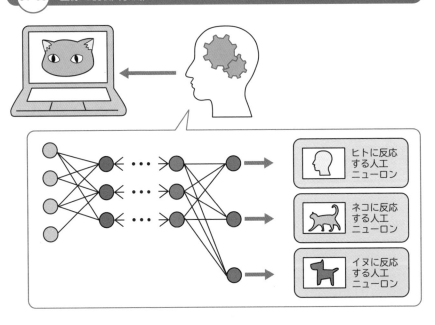

ヒトに反応する人工ニューロン

ネコに反応する人工ニューロン

イヌに反応する人工ニューロン

●機械学習では「予測」を行う

図「01-01」「01-02」では、人工知能が一瞬で「ネコの画像を認識」したのに対し、機械学習では「○○パーセントの確率でネコの画像に分類」という表現を使っています。機械学習には「知能」は備わっていませんので、事前に学習した結果から分類を行っています。機械学習では、世の中にある任意の物体を無制限に識別することは不可能であり、あらかじめ学習した対象についてのみ対応します。この場合、1つの対象だけではなく、いくつかの対象を学習しておき、その中のどれに分類できるかを予測するため、**分類**という表現を使います。

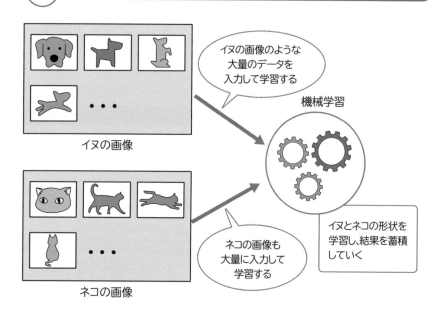

01-04 画像分類のための機械学習

イヌの画像のような大量のデータを入力して学習する

機械学習

イヌの画像

ネコの画像も大量に入力して学習する

イヌとネコの形状を学習し、結果を蓄積していく

ネコの画像

Term 画像認識

「画像に何が写っているのか」を機械やコンピューターが認識する技術を総称して**画像認識**と呼びます。ここで紹介した画像の分類を技術面から見た場合、画像認識の**画像（物体）分類**と呼ばれる分野に属する技術になります。

02 機械学習で何をする?

機械学習では、「何を目的に学習を行うのか」という意味で「問題」という言葉を使います。「問題＝課題」の意味ですが、機械学習では大きく分けて**予測問題**と**分類問題**を扱います。

●「予測問題」とは

機械学習では、機械 (コンピューター) が学習した結果に基づいて何らかの予測を行うので、予測問題も分類問題も、広い意味ではどちらも予測です。ここでの予測問題とは、「数値の予測」のことを指します。機械学習における予測問題は、「過去のデータを学習して、未来にとり得るであろう数値を予測する」ということです。

02-01 予測問題

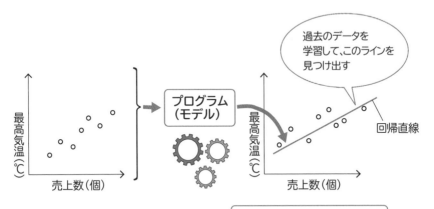

過去のデータを学習して、このラインを見つけ出す

回帰直線

分布している
データ点の真ん中(中心)を
通るラインがわかれば、
「その日の気温で何個売れるか」
を予測できる

具体例として、「夏期の最高気温からのアイスクリームの売り上げ予測」があります。この場合、過去の最高気温とアイスクリームの売り上げ数を記録したデータをプログラムで分析 (学習) し、「最高気温が○○のときはアイスクリームが○○個売れる」のように予測します。

●分類問題とは

　分類問題では、データが属するカテゴリを予測します。例えば、顧客の購買情報を学習することで、その顧客が新商品を「買う」か「買わない」かを予測します。メールデータを読み込んで、そのメールが「スパムである」、「スパムではない」のどちらなのかを予測します。このような「2つのうちのどちらなのかを予測する」ことを**二値分類**と呼びます。

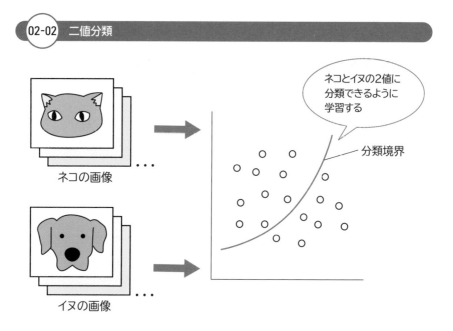

02-02　二値分類

ネコとイヌの2値に分類できるように学習する

分類境界

ネコの画像

イヌの画像

　二値分類の学習用教材に、「タイタニック」という有名なデータセットがあります。「1912年に氷山に衝突して沈没したタイタニック号の乗客データ (名前、年齢、性別、社会経済階級など)から、生存の有無を予測する」という2値の分類問題です。

●多クラス分類

分類問題では、分類先 (カテゴリ) のことを**クラス**と呼びます。このことから、分類先が2を超える分類問題を**多クラス分類**といいます。

02-03　3クラスの多クラス分類

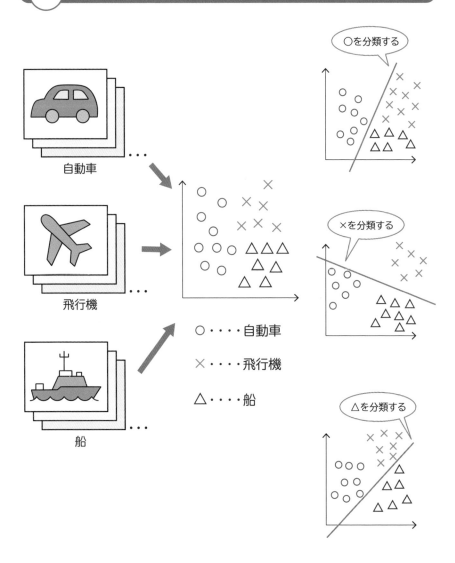

機械学習は何に活用されている?

前の単元では、「機械学習では予測問題と分類問題を扱う」ことを紹介しました。大別するとこの2つの問題になるのですが、機械学習を多くの分野で活用するため、問題解決の様々な手法が開発されています。手法の紹介に先立ち、ここでは、機械学習がどのような分野で活用されているのかを見ていくことにしましょう。

●自動運転

機械学習の活用事例として真っ先に思い浮かぶのが**自動運転**です。自動運転では、進行方向や周辺の情報を取り込み、そこに何があるのかを認識することが重要です。このために利用されるのが、**物体検出**や**セマンティックセグメンテーション(領域分類)**と呼ばれる技術です。どちらも機械学習の分類問題を発展させたもので、物体検出は映像の中の物体を四角い枠で検出し、検出した物体を分類することでその物体が何であるかを判別します。一方、セマンティックセグメンテーションは、画像の中の物体の領域そのものを検出し、検出された領域ごとに分類します。ここでいう「分類」とは、あらかじめ用意されている「自動車」、「道路」、「人」などのカテゴリに分類することを意味します。

03-01 自動運転で活用される物体検出

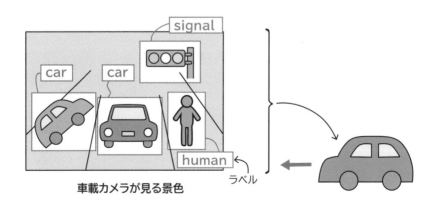

車載カメラが見る景色

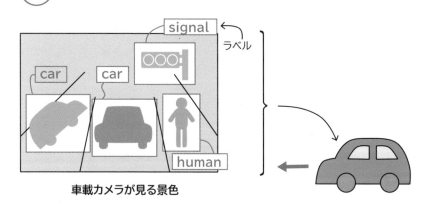

03-02 自動運転で活用されるセマンティックセグメンテーション

車載カメラが見る景色

●自動車検出の自動化

　従来、交通データは検出器やセンサーを用いて収集されていましたが、今日では機械学習の手法を用いた自動車識別システムが実用化されています。自動車を車種別に識別するには大量のデータを学習させる必要がありますが、すでに学習を完了したモデル（学習済みプログラム）を利用する（**転移学習**と呼びます）ことで、高い精度での識別が可能となっています。

●交通流予測

　交通流予測とは、道路上を走行する車両の数を流れとして捉えることで、一定時間後の車両の数を予測することを指します。自動車検出の研究が進んだこと、さらには深層学習の導入により、精度のよい結果が得られるようになっています。信号の切り替えタイミングをリアルタイムで最適化するなど、交通管制の分野で活用されています。

●金融

　金融の分野では以前からIT化が進んでいたこともあり、今や金融商品のリアルタイムトレード (価格の動きに即応して行う取引) のほとんどが、システムにより自動化されているといわれています。価格チャートの推移予測や売買のタイミングの最適化などに、機械学習が活用されています。

　金融機関による活用例としては、融資審査や不正な取引の検知などがあります。

●融資審査

　審査対象のデータを投入すると、融資の可否判定と、その判定の根拠を知ることができます。

●不正検知

　金融取引などにおける不正な取引を、機械学習を用いて検知します。

●応用例

　そのほかにも、機械学習の活用事例は多岐にわたります。広く知られている例を以下に挙げますので、機械学習が幅広い分野の複雑なタスクに活用されていることをイメージしてもらえたらと思います。

・工場における生産ラインの最適化
・身体のスキャン写真からの異常検知
・企業における次期収益の予測
・チャットボットやパーソナルアシスタントの開発
・音声認識によるコマンド (命令) の対応
・消費者の行動履歴に基づくセグメント化 (グループ化)、またはセグメント化による販売戦略の立案
・クレジットカードの不正利用の検知
・攻撃的なレビュー、コメントの検知
・ゲームにおけるインテリジェントボット (コンピューターのプレイヤー) の開発

04 教師あり学習

機械学習を手法別に大きく分けると、**教師あり学習**、**教師なし学習**、**強化学習**の3種類に分けられます。ここでは、教師あり学習とはどのようなものなのか、見ていきます。

●教師あり学習とは

教師あり学習 (supervised learning) とは、「あらかじめデータと答えがセットになったものを用意し、プログラムの学習器 (モデル) に読み込ませて、出力が正解するように学習させる」ことを指します。ここで使われる答えのことを**ラベル**と呼び、予測問題の場合は連続型の値 (連続値) がラベルとなり、分類問題の場合は分類先のカテゴリを示す離散型の値 (離散値) がラベルになります。

04-01 離散値と連続値のイメージ

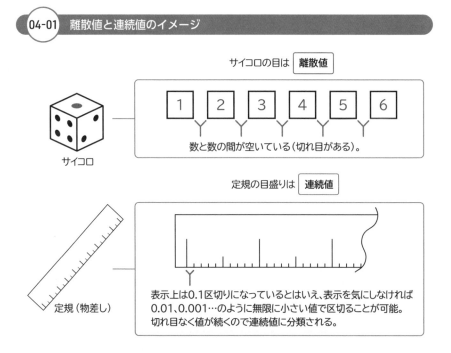

サイコロの目は 離散値

サイコロ

数と数の間が空いている（切れ目がある）。

定規の目盛りは 連続値

定規 (物差し)

表示上は0.1区切りになっているとはいえ、表示を気にしなければ0.01、0.001…のように無限に小さい値で区切ることが可能。切れ目なく値が続くので連続値に分類される。

連続値は値と値の間に無限に数値をとり得る値のことで、身長や体重のように小数以下で無限に値が存在するものが該当します。一方、離散値とは、0、1、2、……のように値と値の間に数値が存在しないものが該当します。サイコロの目は1、2、3、4、5、6の離散値です。

●予測問題での教師あり学習

予測問題は連続値の予測になるので、教師あり学習で用いられるラベルも連続値になります。例として「地区ごとのデータから、その地区の住宅価格 (平均値) を予測する」場合について考えてみます。

04-02 地区のデータからその地区の住宅価格 (平均) を予測する「教師あり学習」

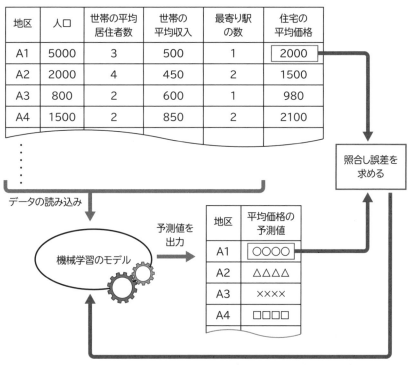

　地区ごとの人口、世帯あたりの平均居住者数、世帯あたりの平均収入額、最寄り駅の数に対して、その地区の住宅価格の平均値が記録されています。データの数は最低でも数百件あることにします。教師あり学習では、住宅価格以外のデータを学習器（モデル）に読み込んで、地区ごとの住宅価格を出力させます。このとき、出力される値は（恐らく）デタラメな値になるので、ラベル（地区ごとの住宅価格の平均値）との差（誤差）を求めます。

　単に誤差を求めるだけでは意味がないので、誤差が0になる値、つまりラベルと同じ値を出力するように、モデルの内部を調整します。モデルはプログラム（計算式の塊とお考えください）なので、大まかにいうと、計算式を細部にわたって調整します。これを学習回数「1」とカウントします。モデルに使われるアルゴリズム（問題解決の手法または手順）によっても異なりますが、1回の学習でうまくいかない（正確な予測ができない）場合は、同じように「データの読み込み」➡「予測値の出力」➡「誤差の測定」➡「モデルの調整」を繰り返します（学習回数を増やします）。

●分類問題での教師あり学習

　分類問題では離散値の予測になります。例として、「自動車」、「飛行機」、「船」の画像を機械学習によって分類することを考えます。この場合のラベルは自動車が「0」、飛行機が「1」、船が「2」とします。これらの画像を学習器（モデル）に読み込んで、ラベルの値を出力させます。ここでのポイントとして、ラベルと同じ値を出力することが、すなわち正しい分類ということになります。

　ラベルと同じ値を出力してうまく分類してくれるとよいのですが、なかなかそうはなりません。0とすべきところを1と出力したりする場合がほとんどです。そこで、予測問題のときと同じように、ラベルと出力値の誤差を測定し、誤差が0になるようにモデルの内部（計算式）を調整します。これが1回の学習になりますが、1回だけではうまくいかないので、誤差が最小になるまで学習を繰り返します。

　このようにして3種類の画像を分類するのですが、1つ問題があります。学習を繰り返すことで正確に分類できるようになったとしても、「学習した3枚の画像しか分類できない」という問題です。このため、画像の分類問題では、各ラベルごとに様々なパターンの画像を大量に（数百以上）用意して学習を行うことで、色や形が異なっても正しく分類できるようにします。この場合は、すべての画像を読み込んで処理し終わった段階で、学習1回とカウントします。

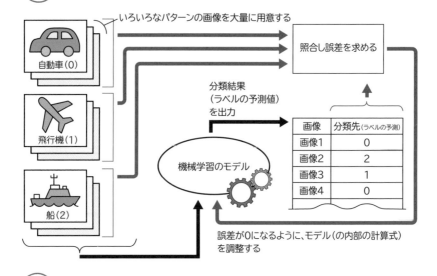

いろいろなパターンの画像を大量に用意する

照合し誤差を求める

分類結果
(ラベルの予測値)
を出力

機械学習のモデル

画像	分類先(ラベルの予測)
画像1	0
画像2	2
画像3	1
画像4	0

自動車(0)

飛行機(1)

船(2)

誤差が0になるように、モデル(の内部の計算式)
を調整する

教師あり学習

予測問題

線形回帰　ランダムフォレスト (random forest) 回帰

多項式回帰　勾配ブースティング回帰木 (GBRT) 回帰

サポートベクターマシン回帰　決定木 (decision tree) 回帰

分類問題 (二値分類／多クラス分類)

サポートベクターマシン分類　決定木 (decision tree) 分類

ランダムフォレスト (random forest) 分類

勾配ブースティング決定木 (GBDT) 分類

ニューラルネットワーク (多層パーセプトロン)

　教師なし学習は、正解を示すラベルが存在せず、与えられたデータのみを使ってデータの特徴を捉えることを目的とします。教師あり学習における予測や分類とは異なり、データの中から規則性などを学習によって見いだすことを目的としています。教師なし学習の主なものに、「クラスタリング」、「次元削減」、「オートエンコーダー」などがあります。

●クラスタリング

　クラスタリングは**クラスター分析**とも呼ばれ、データをいくつかのグループ（クラスター）に分ける教師なし学習です。クラスター分析の手法の1つである「k-means法（k平均法）」は、「データを適当なクラスターに分けたあと、クラスターの重心（クラスターに属するデータの中心点とお考えください）を調整することで、うまい具合にデータが分かれるように調整していく」アルゴリズムです。

　「ショッピングサイトの顧客データから、類似する顧客の集団を見つける」といったときに、クラスタリングが行われます。また、教師あり学習の事前準備として、データをクラスター分析にかけることで各データのクラスター中心からの距離を知り、これをデータに加えることがあります。

05-01　k-means平均法によるクラスタリングの例

❶散布図上のデータを、ランダムにk個のクラスター（ここでは青点、赤点、黄点の3つ）に分けます。

❷各クラスターに属するデータの中心（重心）を求めます。

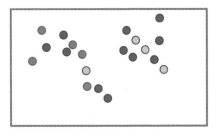

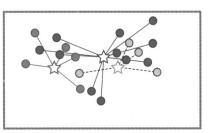

❸各データの重心からの距離を計算し、距離が一番近いクラスターに割り当て直します。

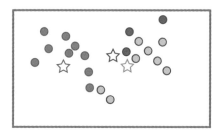

❹新たな重心を求め、各データを最も近い重心のクラスターに分け直します。

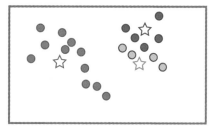

❺以下、❹と同じく新たな重心を求めてデータを分け直す操作を繰り返して、重心の位置が動かなくなったら終了です。

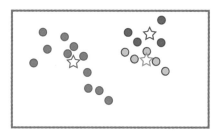

データを適当な数のクラスターに分類し、クラスターの中心点（重心）を配置することから始めます。

配置した重心を基点にクラスターを割り当て直します。すると新たな重心が見つかるので、これに合わせてクラスターを割り当て直す……という操作を繰り返します。

●次元削減

次元削減は、「データの中から重要な情報だけを抜き出し、あまり重要ではない情報を削減する」ことを目的とした教師なし学習です。次元削減のアルゴリズム（問題解決のための手法）には、統計学の「主成分分析」が用いられます。

主成分分析の目的は、データの項目（集計表の「列」に相当）の数を減らすことです。より強くデータを説明できる項目のみに絞り込むことで、データの解釈がしやすくなるため、主成分分析にかけたデータをそのまま予測問題における学習に用いることがあります。

データにたくさんの項目（集計表の列データ）があるときに、それをごく少ない数（たいていは1〜3）に置き換えてデータを解釈しやすくすることから、このことを**次元削減**と呼ぶ場合があります。

例えば、学生100名についての数学、物理、地理、英語、国語の5教科の得点を記録した集計表があるとします。このデータから「総合的な学力」、「理系の学力」、「文系の学力」という新しい指標（これを**主成分**といいます）を作り出します。

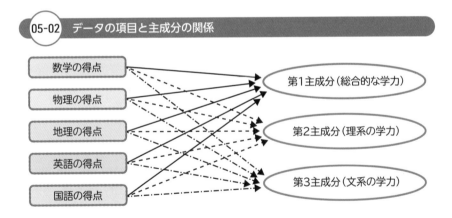

05-02　データの項目と主成分の関係

単に「得点が高いから総合的な実力が高い」、「理系科目の点数が高いから理系向き」とするのではない、というのがポイントです。上の図を見ると、5つの項目から各主成分に向かって矢印が伸びています。

●主成分分析で求められる「主成分」

　先の図では主成分の数が3つでしたが、実際には変量の数だけ主成分が求められます。最初に求められる第1主成分は、5教科すべてを網羅する「総合的な学力」です。第2主成分が理系的な学力、第3主成分が文系的な学力を表します。ただし、第2主成分以降は「数学的に求められるもの」なので、意味付けは分析者自身が行うことになります。主成分はデータの項目の数（ここでは5）だけ求められますが、多くても第3主成分までを用いるのが一般的です。次の図は、先の5教科の得点に第2主成分までを適用した例です。

05-03　第1主成分と第2主成分を用いて、すべてのデータを散布図で表す

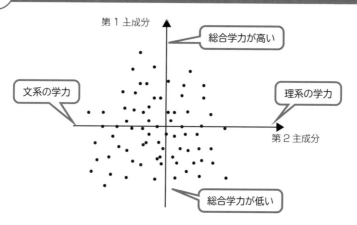

　第1主成分（総合的な学力）と第2主成分（理系の学力）の2種類のデータを用いることで、文系的な学力まで知ることができます。集計表の5項目すべてのデータを散布図にしようとすると、5次元の面を表現しなければならず、可視化することは不可能です。ですが、2つの主成分がわかれば、2次元の平面上に散布図が描けます。その結果が上の図です。

　大雑把な説明でしたが、ここでのポイントは「主成分分析によってデータが集約（または特徴が抽出）され、データを深く解釈できるようになる」ことです。実際の次元削減については、07章で詳しく解説します。

05-04 主成分分析における「軸」の設定

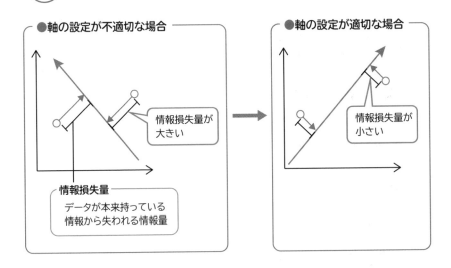

●軸の設定が不適切な場合

情報損失量が大きい

情報損失量
データが本来持っている情報から失われる情報量

●軸の設定が適切な場合

情報損失量が小さい

●オートエンコーダー

オートエンコーダーとは、機械学習の「ニューラルネットワーク」と呼ばれる手法を使用した、次元削減や圧縮のためのアルゴリズムです。オートエンコーダーの実用例として、入力と出力の差分をとることで「異常検知」に利用されています。**異常検知** (anomaly detection) とは、データの分析により、データセット (データ全体) の中から「他とは一致しないパターンのデータ」を識別 (または検出) することを指します。

Term 生成型学習

オートエンコーダーのように、正解値のないデータを学習 (教師なし学習) することで新たなデータを生成することを、**生成型学習 (法)** と呼びます。生成型学習に用いられる手法としては、このほかに、画像を生成する**GAN (敵対的生成ネットワーク)** があります。

左の列がオリジナルの画像、中央の列がノイズを加えた画像、右の列がオートエンコーダーが復元した画像

上から順に「cat」、「ship」、「ship」、「airplane」、「frog」、「frog」の画像

実験用のデータなので、元の画像の画質は粗くなっています。

05-06 　教師なし学習のアルゴリズム

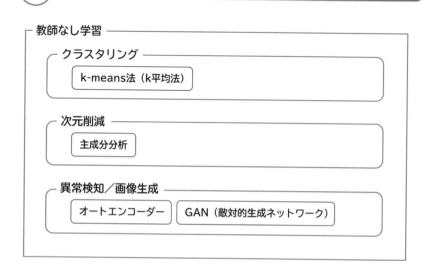

教師なし学習

クラスタリング

k-means法（k平均法）

次元削減

主成分分析

異常検知／画像生成

オートエンコーダー　　GAN（敵対的生成ネットワーク）

06 強化学習

強化学習は、機械学習の中でも特異な学習アルゴリズムです。これまでの教師あり学習や教師なし学習のような予測や分類、グループ分けなどは行わず、学習器（強化学習ではエージェントと呼ばれる）が環境を観察し、とるべき行動を自ら学習することを目的としています。

●強化学習とは

強化学習とは、ある環境内におけるエージェントが、現在の環境（または状態）を観察し、とるべき行動を決定する問題です。エージェントと呼ばれる学習器は、行動を選択することで、環境から報酬を得ます。選択した行動が最適なものでない場合は、ペナルティを受けることもあります。

このような試行錯誤を繰り返すことで、エージェントは方策と呼ばれる最良の行動を学習し、時間と共に高い報酬を得るようになります。例えば、人間を模したロボットの多くは、歩き方を学習するための強化学習アルゴリズムを搭載しています。

06-01　強化学習のイメージ

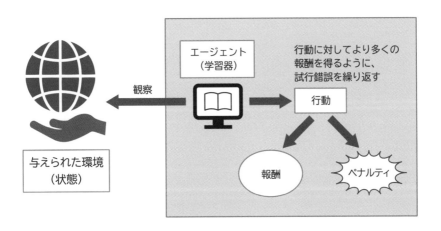

強化学習で使われる用語

強化学習で使われる主な用語です。

● 強化学習で使われる用語

用語	説明
エージェント (agent)	意思決定および行動の主体。ゲームにおけるプレイヤーに相当する。
状態 (state)	エージェントが置かれている状況。
行動 (action)	エージェントの振る舞い。
報酬 (reword)	1回の行動を評価する指標。
方策 (policy)	エージェントの行動を決定するルール。
収益 (return)	ある時間で得られた報酬の合計 (累積報酬)。
価値 (value)	ある状態から方策に従って行動し続けたときに得られることが期待される収益 (収益の期待値)。
行動価値 (action value)	ある状態である行動をとり、その後、方策に従って行動し続けたときに得られる収益の期待値。状態の価値を表すことから、ある状態でどの行動をとるべきか知りたい場合には、行動価値が用いられる。

(02)

機械学習のプロセス

機械学習は「データの収集」から始まり、「データの加工」や「学習データと検証データの分離」を経て「モデルの作成」へと進みます。

この章では、機械学習を実施するまでに必要なプロセス（手順）の内容と、機械学習実施後の評価方法（指標）について見ていきます。

07 機械学習の基本プロセス

機械学習では具体的に何から始めてどのように進めていくのでしょうか。機械学習全般で共通する作業のプロセス（工程）について見ていきましょう。

●基本設計、次いで機械学習モデルの開発

機械学習のプロセスは、**基本設計**および**機械学習モデルの開発**という2つのブロックで構成されます。

●基本設計①──目的の明確化

機械学習では、その目的が何であるかによって、用意するデータからモデルの選定に至るまでのすべてが変わります。「住宅の適正な販売価格を予測」するのか、「写真に写っている物体を分類」するのかでは、学習に使用するデータもモデルに使用するアルゴリズムもまったく異なります。何となくわかっているつもりで進めてしまうと、あとあとデータの差し替えやモデルのアルゴリズム変更などの余計な手間がかかることもあるので、機械学習によって何を得たいのかを明確化しておきます。

07-01 機械学習の目的を明確化する例

住宅販売を促進するため、適正な販売価格が知りたい ➡「適正な販売価格を予測するモデル」を開発

●基本設計②──ワークフローの決定

機械学習のための全体的な**ワークフロー**（一連の作業内容）を考えます。

・データの収集方法
・モデルに使用するアルゴリズム（分析手法）の選定
・モデルの評価方法の選定

●基本設計③──データの用意

　機械学習で使用 (学習) するデータを用意します。①の目的を達成するために必要なデータを用意することになりますが、自前で用意できない場合は、官公庁や企業が公開しているものを利用します。機械学習を学ぶことが目的であれば、学習用としてWebで公開されているデータや、Pythonのライブラリに収録されているデータを利用しましょう。

●基本設計④──特徴量エンジニアリング

　用意したデータを機械学習のモデルに入力できるように、データの加工処理を行います。これを**特徴量エンジニアリング**と呼びます。特徴量エンジニアリングでは、以下の処理を行います。

・欠損値の処理

　データに欠落した箇所 (**欠損値**) があれば、それを代替できる値に置き換えるか、欠損値そのものをデータから除去します。

・外れ値の除去

　データの中で他とは大きく異なる突出した値のことを**外れ値**と呼びます。外れ値があるとモデルの学習に影響が出ることもあるので、状況に応じて外れ値をデータから除去します。

・カテゴリデータの整形

　カテゴリデータとは、性別や地域、天候など、一定の基準で分類されたデータのことです。多くの場合、文字列で表現されているので、モデルに入力しやすいよう、数値に一括変換します。

　例：「男性」➡「0」、「女性」➡「1」

・スケーリング

　データの値が大きすぎる (桁数が多い) 場合などは、モデルの学習に時間がかかる (処理が重くなる) ことがあります。このような場合は、データ全体の範囲 (スケール) を狭める**スケーリング**という処理を行います。

- **データの整形（データの散らばり具合の調整）**

  データの分布状況を可視化する**散布図**や**ヒストグラム**というグラフがあります。これらのグラフにしたときに、データの分布が特定の範囲に集中するなど、分布に偏りがある場合は、数学的な手法を用いてデータ全体を処理することがあります。

● 機械学習モデルの開発①――モデルの作成

機械学習における**モデル**とは、機械学習のアルゴリズムに基づいたコンピュータープログラムのことを指します。アルゴリズムの概念のことをモデルと呼ぶこともありますが、実務上は「機械学習を実践するプログラム」のことを指す場合が多いです。モデルの作成では、基本設計の②で選定したアルゴリズム（分析手法）に基づいてプログラミングすることになります。

● 機械学習モデルの開発②――学習の実行

①で作成したモデルにデータを読み込ませて、プログラムを実行します。

● 機械学習モデルの開発③――モデルの性能評価

教師あり学習の場合は、学習後のモデルが出力した値（予測値または分類先のカテゴリを示す値）と正解値を示すラベルとの誤差を調べます。分類問題のモデルの場合は、分類結果の**正解率**を求めます。誤差が小さいほど（分類問題の場合は正解率が高いほど）、性能がよいモデルだと評価できます。一方、誤差が大きすぎる（あるいは正解率が低すぎる）場合は、モデルの調整（プログラム内部の修正）を行って、再度、学習を実行します。状況によっては、モデルに使用されているアルゴリズムを別のものに取り換えて、モデルを再プログラミングすることもあります。

Term 特徴量

データを機械学習で使用できるように変形（または変換）して得られたデータのことを、**特徴量**と呼びます。

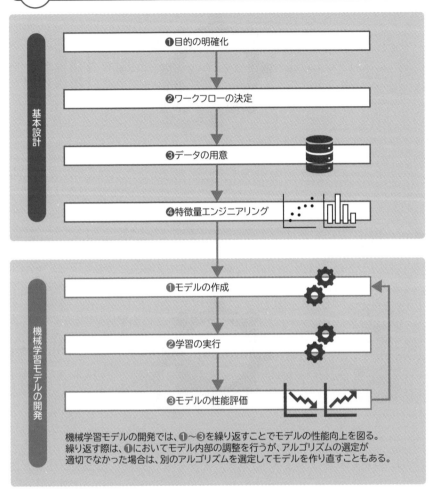

基本設計

- ❶目的の明確化
- ❷ワークフローの決定
- ❸データの用意
- ❹特徴量エンジニアリング

機械学習モデルの開発

- ❶モデルの作成
- ❷学習の実行
- ❸モデルの性能評価

機械学習モデルの開発では、❶〜❸を繰り返すことでモデルの性能向上を図る。繰り返す際は、❶においてモデル内部の調整を行うが、アルゴリズムの選定が適切でなかった場合は、別のアルゴリズムを選定してモデルを作り直すこともある。

Point 機械学習のキモ、「モデル」とは

　　モデルは、機械学習における「頭脳」にあたるもので、入力されたデータから予測結果や分類結果を出力します。実際にはプログラムで作成しますが、「入力→出力」を行うことから、機能的には数学における「関数」に相当するものだとお考えください。

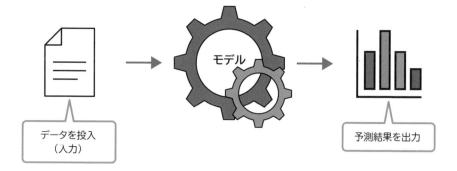

07-03　予測問題のモデル

データを投入
（入力）

モデル

予測結果を出力

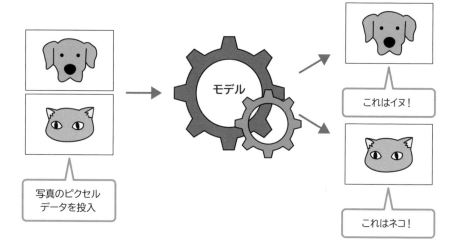

07-04　分類問題のモデル

モデル

これはイヌ！

写真のピクセル
データを投入

これはネコ！

Point　予測問題と分類問題の「正解値」

　予測問題では数値の予測になるので、正解値は数値（連続値）です。一方、**分類問題**の場合の正解値は、分類先が識別できるように「0」、「1」、「2」などと割り振られた、カテゴリを示す離散値です。

08 データの用意

機械学習を実践するにあたっては、学習用のデータを用意しなければなりません。ここでは、機械学習用のデータを用意する方法について見ていきます。

●自前のデータを用意する

すでに自前のデータが用意できている場合は、これを用いればよいのですが、

・機械学習に十分な量のデータが収集できているか
・データの記録方法が一貫しているか

について注意が必要です。データの量については一概にはいえませんが、このあとで紹介する教材用のデータセットには、少なくとも数百件以上のデータが収録されています。データの記録方法については、データを収集している途中で記録方法や条件などが変化していないかどうか、注意が必要です。同じ方法・条件のもとで記録されたデータでないと、データ自体の信憑性が揺らいでしまいます。

　以上のことを考えると、自前でデータを用意するのはとても手間がかかり、時間もかかります。機械学習を学ぶことが目的であれば、次に紹介する方法でデータを入手するのが便利です。

●政府統計の総合窓口「e-Stat」を利用する

　日本政府が実施している統計調査の結果をまとめた「e-Stat」のサイトでは、次の17分野の統計データを公開しています。個々のデータについては、各分野のリンクからPDFファイルとしてダウンロードすることができます。

- 国土・気象
- 人口・世帯
- 労働・賃金
- 農林水産業
- 鉱工業
- 商業・サービス業
- 企業・家計・経済
- 住宅・土地・建設
- エネルギー・水

- 運輸・観光
- 情報通信・科学技術
- 教育・文化・スポーツ・生活
- 行財政
- 司法・安全・環境
- 社会保障・衛生
- 国際
- その他（上記のカテゴリに属しないもの）

08-02 政府統計の総合窓口「e-Stat」のトップページ (https://www.e-stat.go.jp/)

●「Kaggle」で入手する

　分析コンペを実施している「**Kaggle**（カグル）」のサイトでは、数多くの機械学習用のデータセットが公開されています。分析コンペに参加しなくても、ユーザー登録さえ行えば、データセットのダウンロードが行えます。

08-03 **Kaggleのデータセットのページ** (https://www.kaggle.com/datasets)

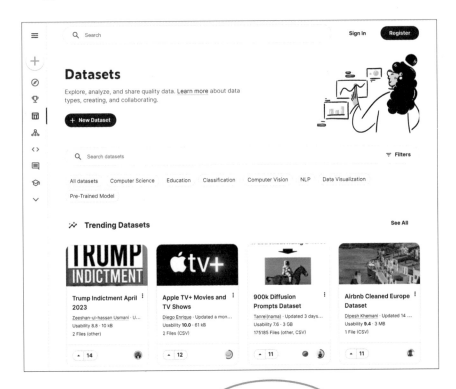

Kaggleでは、分析コンペに参加するためのNotebookを使うことができます。

●Pythonのライブラリから入手する

Pythonのライブラリ「**scikit-learn** (サイキットラーン)」では、ソースコードを記述することで、機械学習用のデータセットをプログラムで扱える形でダウンロードできます。次図は、カリフォルニアの住宅価格の表形式データセット「The California housing dataset」(以下、「California Housing」とも表記) の冒頭部分です。予測問題用のデータセットです。

08-04　「California Housing」の冒頭部分

	MedInc	HouseAge	AveRooms	AveBedrms	Population	AveOccup	Latitude	Longitude
0	8.3252	41.0	6.984127	1.023810	322.0	2.555556	37.88	-122.23
1	8.3014	21.0	6.238137	0.971880	2401.0	2.109842	37.86	-122.22
2	7.2574	52.0	8.288136	1.073446	496.0	2.802260	37.85	-122.24
3	5.6431	52.0	5.817352	1.073059	558.0	2.547945	37.85	-122.25
4	3.8462	52.0	6.281853	1.081081	565.0	2.181467	37.85	-122.25
...	...	...	...	...	...	...	...	...
20635	1.5603	25.0	5.045455	1.133333	845.0	2.560606	39.48	-121.09
20636	2.5568	18.0	6.114035	1.315789	356.0	3.122807	39.49	-121.21
20637	1.7000	17.0	5.205543	1.120092	1007.0	2.325635	39.43	-121.22
20638	1.8672	18.0	5.329513	1.171920	7			-121.32
20639	2.3886	16.0	5.254717	1.162264				121.24

20640 rows × 8 columns

Pandas ライブラリの「データフレーム」に読み込んで出力しています。

データセット名	California Housing
データの件数	20,640
ラベル (住宅価格) 以外の項目数	8

Pythonのライブラリ「**TensorFlow** (テンソルフロー)」には、画像分類のためのデータセットが充実しています。次図は、10カテゴリのファッションアイテムのモノクロ画像を収録した「Fashion-MNIST」の一部です。

画質は粗めですが、何のアイテムなのかはっきりわかります。

データセット名	Fashion-MNIST
カテゴリの数	10
収録されている画像の数	60,000（学習用）
	10,000（評価用）

　Googleの「**Cloud Storage**」と呼ばれるサービスでは、プログラム上から同サービスのAPI（インターフェイス〈接続用〉プログラム）にアクセスすることで、データセットがダウンロードできるようになっています。次図は、画像分類用のデータセット「cats and dogs」に収録されているカラー画像の一部です。

データセット名	cats and dogs
カテゴリの数	2（ネコとイヌ）
収録されている画像の数	学習用：2,000（ネコ 1,000、イヌ 1,000）
	評価用：1,000（ネコ 500、イヌ 500）

データセットの
カラー画像はか
なり鮮明です。

データの前処理①
（カテゴリ変数の変換）

　数値ではなく、単語を用いて分類されたデータのことを、**カテゴリデータ**または**カテ
ゴリ変数**と呼びます。例えば、「男性」「女性」のような性別や、「東京」「大阪」のような住
んでいる地域のデータがカテゴリデータです。カテゴリデータをそのまま機械学習に用
いることはできないので、数値への置き換えが必要になります。

●カテゴリデータの変換方法

　カテゴリデータは、そのデータのカテゴリを表しているので、数値に変換する際は
そのことを考慮する必要があります。カテゴリデータに順番に番号を振る方法が考
えられますが、これではうまくいきません。例えば、居住地のカテゴリとして、「東京」
を1、「大阪」を2に置き換えたとしても、その数値に意味はないからです。
　カテゴリデータを「意味のある数値」に変換するには、以下の方法が用いられます。

●ラベルエンコーディング

　カテゴリデータの各カテゴリ（これを**水準**と呼びます）に1つ（一意）の数を割り当
てます。「辞書順に並べて、インデックスの数値を割り当てる」などの方法があります
が、多くの場合、その数値に本質的な意味はないので、機械学習に適した方法とはい
えません。ただし、決定木と呼ばれるアルゴリズムをベースにしたモデルは、**ラベル
エンコーディング**されたデータを学習に反映できるので、これらのモデルには適した
方法です。
　scikit-learnのLabelEncoderクラスのfit_transform()メソッドは、カテゴリデー
タを引数にすると、カテゴリデータに含まれる値（水準）に0から始まるインデックス
をラベルとして対応付け、このラベルを使ってすべてのデータを変換（ラベルエン
コーディング）します。カテゴリ（水準）を文字列として辞書順に並べ、その順序でイ
ンデックスが割り当てられます。

●カウントエンコーディング

　カテゴリデータの各カテゴリ（水準）について、出現回数を割り当てます。これとは

別に、出現頻度順の値を割り当てることもあります。ラベルエンコーディングとは異なり、別のカテゴリ (水準) に同じ値を割り当てることがある点に注意が必要です (次図参照)。

 09-01 カウントエンコーディング

レコードID	国名
1	アメリカ
2	イギリス
3	日本
4	日本

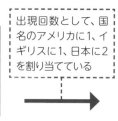
出現回数として、国名のアメリカに1、イギリスに1、日本に2を割り当てている

レコードID	国名
1	1
2	1
3	2
4	2

● One-Hot エンコーディング

　カテゴリデータの各カテゴリ (水準) の数だけ項目 (集計表の列) を作り、項目の名前をカテゴリ名にします。データ (レコード) ごとに、カテゴリが該当する列に1を割り当て、それ以外の列には0を割り当てます。データごとに「該当するカテゴリだけを1にすることで、他のカテゴリと区別する」仕組みです。列の数はカテゴリの数だけ必要になりますが、それぞれのカテゴリが明確に分けられます。ただし、One-Hotエンコーディングは分類問題におけるラベル (カテゴリデータ) の変換にのみ使われることに注意してください。ラベル以外のカテゴリデータについては「カテゴリの数－1」の列に1と0を割り当てる方法が用いられます。

　カテゴリデータはデータのカテゴリ (水準) の数が決まっているので、その水準かどうかを示す1と0の2値を用意し、これを使ってデータを作り変えます。scikit-learnのOneHotEncoderを使って変換することができます。

Point scikit-learn のインストール

　scikit-learn (サイキットラーン) はPythonの外部ライブラリです。ターミナル (コンソール) において「pip install scikit-learn」のようにpipコマンドを実行してインストールします。

●ラベルエンコーディングの実践

アメリカ、イギリス、日本の3個のカテゴリで記録されたカテゴリデータをラベルエンコーディングしてみましょう。

09-02 ラベルエンコーディング

レコードID	国名
1	アメリカ
2	イギリス
3	日本
4	日本

アメリカに1、イギリスに2、日本に3を割り当てている

レコードID	国名
1	1
2	2
3	3
4	3

09-03 ラベルエンコーディング

```
from sklearn.preprocessing import LabelEncoder

data = ['アメリカ', 'イギリス', '日本', '日本']
encoder = LabelEncoder() # LabelEncoderをインスタンス化
label = encoder.fit_transform(data) # ラベルエンコーディング
print(label) # 出力
```

●出力

```
[0 1 2 2]
```

プログラムではインデックスのカウントが0から始まるので、アメリカが0、イギリスが1、日本が2になっていることに注意してください。

各水準とラベルの対応は、LabelEncoderクラスのclasses_プロパティで確認できます。

09-04 カテゴリ (水準) とラベルの対応

```
print(encoder.classes_)
```

● 出力

```
['アメリカ' 'イギリス' '日本']
```

09-05 ラベルエンコーディング、カウントエンコーディング、One-Hot エンコーディングの違い

元のデータ	
レコードID	国名
1	アメリカ
2	イギリス
3	日本
4	日本

ラベルエンコーディング

国名
1
2
3
3

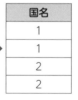

ラベルエンコーディングでは開始が「1」になっていますが、「0」から開始する場合もあります。

元のデータ	
レコードID	国名
1	アメリカ
2	イギリス
3	日本
4	日本

カウントエンコーディング

国名
1
1
2
2

元のデータ	
レコードID	国名
1	アメリカ
2	イギリス
3	日本
4	日本

One-Hot エンコーディング

レコードID	アメリカ	イギリス	日本
1	1	0	0
2	0	1	0
3	0	0	1
4	0	0	1

●One-Hotエンコーディングの実践

　カテゴリデータはデータのカテゴリ（水準）の数が決まっているので、その水準かどうかを示す1と0の2値を用意し、これを使ってデータを作り変えます。

09-06 One-Hotエンコーディング

> アメリカ、イギリス、日本をカテゴリ名にして、そのデータが該当する列に1を割り当て、それ以外の列には0を割り当てる

レコードID	国名
1	アメリカ
2	イギリス
3	日本
4	日本

レコードID	アメリカ	イギリス	日本
1	1	0	0
2	0	1	0
3	0	0	1
4	0	0	1

09-07 テキスト形式のカテゴリデータをOne-Hotエンコーディングする

```python
import numpy as np
from sklearn.preprocessing import OneHotEncoder


data = np.array(
    ['アメリカ', 'イギリス', '日本', '日本']) # NumPy配列
encoder = OneHotEncoder(sparse_output=False) # OneHotEncoder
label = encoder.fit_transform(data.reshape(-1, 1)) # 2次元配列にする
print(label) # 出力
```

●出力

```
[[1. 0. 0.]
 [0. 1. 0.]
 [0. 0. 1.]
 [0. 0. 1.]]
```

10 データの前処理② （ダミー変数の追加）

One-Hotエンコーディングでは、各カテゴリについて該当する場合は1、それ以外の場合は0が割り当てられました。このように、「カテゴリごとに0と1、またはTrueとFalseの2値を割り当てるために、新たに作成された項目 (列データ)」のことを**ダミー変数**と呼びます。

●ダミー変数の追加

カテゴリデータをOne-Hotエンコーディングした場合、各カテゴリについてダミー変数が作成されることになります。次の例を見てみましょう。

10-01 ユーザーの居住地と趣味を集計したデータ

回答者	地域	趣味
A	大阪	音楽、スポーツ
B	東京	スポーツ
C	名古屋	音楽
D	東京	アニメ

回答者	大阪	名古屋	音楽	スポーツ	アニメ
A	1	0	1	1	0
B	0	0	0	1	0
C	0	1	1	0	0
D	0	0	0	0	1

「地域」のカテゴリデータから「大阪」と「名古屋」のダミー変数 (の列) を作成し、「趣味」のカテゴリデータから「音楽」、「スポーツ」、「アニメ」のダミー変数 (の列) を作成しています。

　気になるのは、地域の「東京」がないことです。その理由は、大阪でも名古屋でもない人は自動的に東京になるからです。もし、東京の列を加えてしまうと、「東京である」という情報と「大阪でも名古屋でもない」という情報が重複してしまいます。分類問題における正解(ラベル)として使用する分にはよいのですが、機械学習に用いる(モデルに入力する)データとして使用する場合は、情報の重複が足かせになることがあります。そのことから、この例の「趣味」のように、カテゴリデータが複数選択可になっている場合を除き、「カテゴリの数マイナス1」がダミー変数の数になる、と覚えておくとよいでしょう。

●ダミー変数を作ってみよう

　データの前処理として、

・数値のデータをカテゴリデータに置き換える
・カテゴリデータからダミー変数を作成する

という処理が行われることがあります。機械学習におけるモデルの精度向上を期待してのものですが、実データを使ってその処理を見てみることにしましょう。

●The California housing dataset
　scikit-learnで入手できるデータセットに「The California housing dataset」があります。このデータセットには、カリフォルニア州の2万640地区についての8項目にわたるデータと、地区ごとの住宅価格(中央値です)がまとめられています。

10-02　「The California housing dataset」の冒頭5件のデータ(8項目)

	MedInc	HouseAge	AveRooms	AveBedrms	Population	AveOccup	Latitude	Longitude
0	8.3252	41.0	6.984127	1.023810	322.0	2.555556	37.88	-122.23
1	8.3014	21.0	6.238137	0.971880	2401.0	2.109842	37.86	-122.22
2	7.2574	52.0	8.288136	1.073446	496.0	2.802260	37.85	-122.24
3	5.6431	52.0	5.817352	1.073059	558.0	2.547945	37.85	-122.25
4	3.8462	52.0	6.281853	1.081081	565.0	2.181467	37.85	-122.25

8項目のデータの中に地区ごとの人口を示す「Population」という項目があり、最小3人〜最大35,682人の範囲で記録されています。米国国勢調査局がデータとして扱う「最小の地理的単位」における1地区の人口を参考に、その地区の人口が多いのかそれとも少ないのかを示すダミー変数を作成してみます。以下、タイトルのカッコ内でNotebookのセル番号を示します。「セル1」はNotebookの1番目のセルです。

10-03　データセットを読み込んでPopulationの統計量を出力する（セル1）

```python
import pandas as pd # Pandas
from sklearn.datasets import fetch_california_housing

housing = fetch_california_housing() # データセットを取得
# data キーで8項目のデータを抽出
# feature_names キーで項目名を抽出してデータフレームに格納
df_housing = pd.DataFrame(
    housing.data, columns=housing.feature_names)
# Populationの統計量を出力
df_housing['Population'].describe()
```

10-04　Populationの統計量（出力）

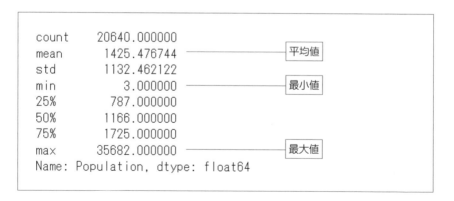

```
count    20640.000000
mean      1425.476744 ──────────────平均値
std       1132.462122
min          3.000000 ──────────────最小値
25%        787.000000
50%       1166.000000
75%       1725.000000
max      35682.000000 ──────────────最大値
Name: Population, dtype: float64
```

「Population」のデータをカテゴリ化するための関数を作成します。この関数は、地区の人口が600〜3,000人の範囲内であればusually、最小値より少ない場合はfew、最大値より多い場合はmanyを返す処理を行います。

10-05 「Population」のデータをカテゴリ化する関数 (セル2)

```
def category(df):
    if df < 600: return 'few'        # 600より小さいときは'few'
    elif df > 3000: return 'many'    # 3000より大きいときは'many'
    else: return 'usually'           # 600〜3000は'usually'
```

Populationのデータにcategory()関数を適用して、各地区の人口を3カテゴリに置き換えたデータを作ります。

10-06 Populationのデータにcategory()関数を適用して、カテゴリに変換したデータを作る (セル3)

```
p_category = df_housing['Population'].apply(category)
p_category # 出力
```

10-07 地区の人口をカテゴリ化したデータ (出力)

```
0          few
1          usually
2          few
3          few
4          few
           ...            ← 途中省略されている
20635      usually
20636      few
20637      usually
20638      usually
20639      usually      ← 2万640件の人口がすべてカテゴリ化された
```

Pandasライブラリの**get_dummies()関数**は、カテゴリデータに対応したダミー変数を作成します。ただし、今回のカテゴリデータからは「few」、「many」、「usually」のダミー変数が作成されるので、「fewである」という情報と「manyでもusuallyでもない」という情報が重複してしまいます。そこで、get_dummies()関数のdrop_firstオプションにTrueを設定して、最初の「few」以外の「many」、「usually」についてダミー変数を作成することにします。また、ダミー変数の値はFalseとTrueが出力されるので、dtype=intを指定して0と1を出力するようにします。

10-08 地区の人口をカテゴリ化したデータからダミー変数を作成 (セル4)

```
p_dummy = pd.get_dummies(p_category, drop_first=True, dtype=int)
p_dummy # 出力
```

●出力

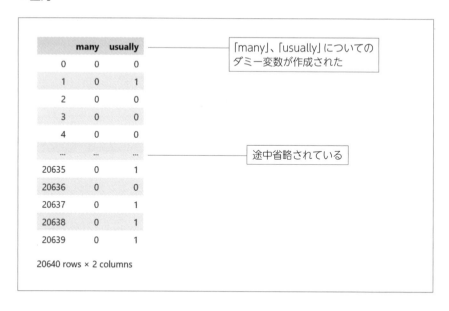

	many	usually
0	0	0
1	0	1
2	0	0
3	0	0
4	0	0
...	...	...
20635	0	1
20636	0	0
20637	0	1
20638	0	1
20639	0	1

「many」、「usually」についてのダミー変数が作成された

途中省略されている

20640 rows × 2 columns

作成したダミー変数を元のデータ (Pandasのデータフレーム) に追加し、Populationの列を削除すれば完了です。

10-09 ダミー変数の列データを元のデータに追加する（セル5）

```
X = pd.concat([df_housing, p_dummy], axis=1) # many、usuallyを追加
X = X.drop(['Population'], axis=1) # Populationの列を削除
X.head() # 冒頭5件を出力
```

10-10 ダミー変数「many」「usually」を追加し、Populationの列を削除したあとのデータフレーム（出力）

	MedInc	HouseAge	AveRooms	AveBedrms	AveOccup	Latitude	Longitude	many	usually
0	8.3252	41.0	6.984127	1.023810	2.555556	37.88	-122.23	0	0
1	8.3014	21.0	6.238137	0.971880	2.109842	37.86	-122.22	0	1
2	7.2574	52.0	8.288136	1.073446	2.802260	37.85	-122.24	0	0
3	5.6431	52.0	5.817352	1.073059	2.547945	37.85	-122.25	0	0
4	3.8462	52.0	6.281853	1.081081	2.181467	37.85	-122.25	0	0

10-11 ダミー変数のイメージ

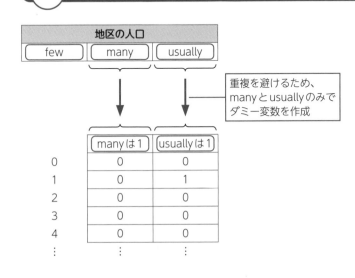

11 データの前処理③（欠損値の補完）

機械学習で使用されるテーブルデータ（表形式のデータ）には、記録漏れなどの理由で、一部のデータが欠落していることがあります。このような欠落しているデータは「欠損値」と呼ばれます。機械学習の多くのモデルは欠損値があるとうまく学習できないため、欠損値の補完を行う必要があります。

●欠損値を代表値で置き換える

欠損値をなくすための方法としてよく使われるのが、欠損値が存在するカラム（列）の代表値で置き換える方法です。ただし、最もありそうな値で埋めてしまえという発想なので、欠損値がランダムに発生していることが前提になります。欠損値の発生に偏りがある場合は、欠損値自体をデータ化するなど別の方法を検討する必要があります。

11-01 欠損値のあるテーブルデータの例

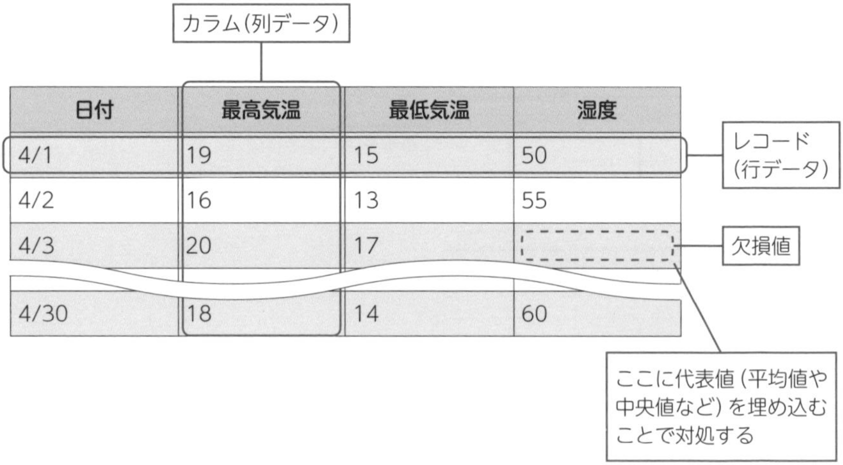

カラム（列データ）

日付	最高気温	最低気温	湿度
4/1	19	15	50
4/2	16	13	55
4/3	20	17	
4/30	18	14	60

レコード（行データ）

欠損値

ここに代表値（平均値や中央値など）を埋め込むことで対処する

●平均値を埋め込む

欠損値が存在するカラムの平均を求め、その値を欠損値と置き換えます。テーブルデータのレコード (行データ) がグループ分けできる場合は、グループごとに平均を求め、それぞれのグループに存在する欠損値と置き換える方法もあります。

●中央値を埋め込む

商品価格や年収のように、データの分布に偏りがあったり、他のデータから大きく離れた値 (外れ値) が存在する場合は、平均ではなく**中央値**が使われることがあります。中央値とは、データの値を昇順または降順で並べた場合に、中央に位置する値のことです。データの数が偶数の場合は、中央に位置するデータが2個になる (奇数の場合は1個) ので、中央順位2個の値の平均を求め、これを中央値とします。

●対数変換後の平均値を埋め込む

データの分布に極端な偏りが見られる場合は、対象のカラムのすべてのデータを**対数変換**してから平均を求める方法があります。対数変換によって、分布の偏りをなくして正規分布に近似させることができるためです (単元15参照)。カラム全体を対数変換後の値に置き換えた場合は、その平均値をそのまま埋め込みますが、カラム全体の値を置き換えない場合は、対数変換後の平均値を逆算して対数変換前の値に戻してから置き換えるようにします。

●欠損値のあるレコードを除外する

データの量が十分にあり、欠損値を含むデータを除外しても影響が出ないと判断できる場合は、

・欠損値のあるレコード (行データ) を削除する
・欠損値のあるカラム (列データ) ごと削除する

という方法があります。

レコードの削除は1件単位で削除するので影響は少ないですが、カラム (列データ) ごと削除するのは、機械学習で使える情報量を減らしてしまうことになるので注意が必要です。

●欠損値の有無を示すカラムを作成する

欠損値がランダムに分布していることは、それほど多くはありません。何らかの理由によって偏った分布になっていることがほとんどです。この場合、欠損している事自体に情報があると考えられます。そこで、欠損値の「なし」と「あり」を示す2値のデータ (0と1など) を新たなカラム (列データ) として追加することがあります。

11-02　テーブルに「欠損値の有無」カラムを追加

日付	最高気温	欠損値の有無
8/1	31	0
8/2	33	0
8/3	−	1
	29	0
…	…	…

欠損値の有無を示すカラム
を追加：
・欠損値なし：0
・欠損値あり：1

欠損値の有無を
情報にする

Hint　欠損値としてそのまま使えることがある

欠損値が何らかの理由で発生していると考えられる場合は、それを情報として生かしたいところです。分類問題を扱うアルゴリズムの1つである**決定木**では、データの大小関係が影響することはほとんどなく、さらには欠損値をそのまま扱うことができます。決定木をベースにした**勾配ブースティング決定木（GBDT***）においても、欠損値をそのまま扱うことができます。また、scikit-learnライブラリに収録されている**ランダムフォレスト**というアルゴリズムでは、欠損値を−9999などの「通常はとり得ないであろう値」に置き換えることで、欠損値をそのまま扱うのに近い方法で学習できるようになっています。

＊**GBDT**　Gradient, Boosting, Decision Treeの略。

データの前処理④（外れ値の除去）

データには、極端に大きい値や小さい値が含まれることがあります。こういった、他のデータから極端に離れているデータのことを**外れ値**と呼びます。外れ値は学習の結果にゆがみをもたらし、予測の精度や分類の精度を低下させる要因になることがあります。

●外れ値を確認してみよう

scikit-learnライブラリに収録されているカリフォルニア住宅価格のデータセット「The California housing dataset」を例に、外れ値について見ていきましょう。住宅価格の予測問題用のデータセットなので、教師データ（正解値）として使用する「住宅価格」のデータがあります。20,640地区それぞれの住宅価格の中央値ですが、データの分布状況を、実際にヒストグラムを描画して確かめてみましょう。ヒストグラムとは、横軸にデータ全体の区間（データの最小値から最大値まで）、縦軸にデータの出現回数（度数）をとったグラフのことです。データ全体の区間を細かく分割し、分割した区間ごとに出現するデータの数を棒グラフで表すので、データの分布状況がひと目でわかります。

12-01 カリフォルニア住宅価格のデータセットの住宅価格をヒストグラムにする（セル1）

```
import pandas as pd # Pandas
from sklearn.datasets import fetch_california_housing

housing = fetch_california_housing()
df_housing = pd.DataFrame(housing.data, columns=housing.feature_
names)
df_housing['Price'] = housing.target # 住宅価格をデータフレームに連結
df_housing['Price'].hist(bins=50) # 棒の数を50にしてヒストグラムを描画
```

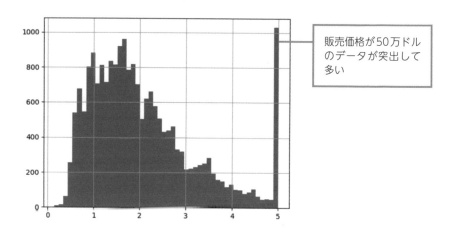

販売価格が50万ドル
のデータが突出して
多い

ヨコ軸のデータは10万ドル単位ですので、20万ドルを超えた辺りからデータの件数が滑らかに減少していることが見て取れます。ですが、50万ドルのところでデータ件数が1000件以上になり、グラフの棒が突出して長くなっています。これは明らかに不自然であり、実際には60万ドルや70万ドルなど50万ドル以上のデータを、すべて上限価格である50万ドルとしてまとめていると考えられます。そうであれば、「外れ値」であることが明白ですので、データの中から除外することにしましょう。

外れ値を取り除く方法として、単純に外れ値が含まれるレコードごと削除する方法があります。ここでの例だと、販売価格が50万ドル以上のレコードをすべて削除します。もう1つの方法として、平均値から一定の距離だけ離れているデータを取り除く方法です。距離の基準として標準偏差を使うことができるので、標準偏差の2倍または3倍外れたものは外れ値と見なす、という考え方です。

Point ヒストグラム

ヒストグラムは、縦軸に度数（データの出現回数）、横軸に階級（データの範囲）を配置した棒グラフです。「どの範囲のデータが多く存在するか」など、データの分布状況を視覚的に表すために用いられます。

●住宅価格が50万ドル以上のレコードをすべて削除する

現在、df_housingには、「The California housing dataset」のすべてのデータがデータフレームとして格納されています。住宅価格 (Priceカラム) の値が50万ドル以上のものについては、レコードごと削除してみましょう。

12-03 Priceが5 (単位:10万ドル) 以上であれば、レコードごと削除する (セル2)

```
X = df_housing[df_housing['Price'] < 5]  # Priceが5以上のレコードを除く
print(df_housing.shape, X.shape)  # 削除前後のデータ件数を出力
X['Price'].hist(bins=50)  # 外れ値除外後のヒストグラム
```

●出力

```
(20640, 9) (19648, 9)
```

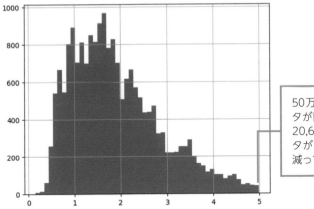

> 50万ドル以上のデータが除外された結果、20,640件あったデータが19,648件にまで減っている

Hint 散布図

データの分布状況を見るためのグラフに、**散布図**があります。散布図では、縦軸、横軸にそれぞれ別のデータをとり、2項目のデータ点 (交点) に印を打った (●などを描画した) ものです。主に、2つのデータ間の関連を調べるために用いられます。

13 データの前処理⑤（Min-Maxスケーリング）

　数値のデータは、そのままモデルに入力して学習させることができますが、一定の規則に基づいて加工処理を施すことで、「分析に適したデータ」にすることができます。このような処理を総称して**正規化**と呼びます。正規化の処理は、モデルに入力するデータに対してだけでなく、教師あり学習における教師データ（正解値）に対しても行われます。ここでは、正規化の手法の1つである**Min-Maxスケーリング**について見ていきます。

●Min-Maxスケーリング

　Min-Maxスケーリングは、「個々のデータをデータ全体の最大値で割る」ことで、データの範囲（スケール）を「0～1.0」の間に収めます。データが大きすぎる値または小さすぎる値になっていると、モデルの学習に影響を与えることがあります。これを避けるために、データの前処理として、次の式を使ってデータのスケールを0～1.0の範囲に変換します。

●Min-Maxスケーリングの式

$$x' = \frac{x - x_{min}}{x_{max} - x_{min}}$$

x_{max}はデータxの最大値、x_{min}がデータxの最小値です。

Point スケーリングの手法

　「データを、一定の範囲に収まるように変換する」操作を総称して**スケーリング**と呼びます。スケーリングの手法には、本単元で紹介する「Min-Maxスケーリング」のほかに、次の単元で紹介する「標準化」があります。

13-01 Min-Maxスケーリング、標準化、対数変換のイメージ

Min-Maxスケーリング

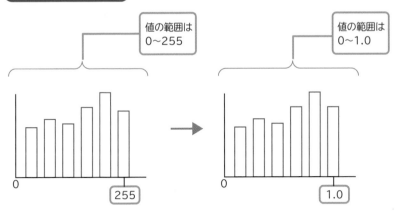

値の範囲は
0～255

値の範囲は
0～1.0

0   255

0   1.0

標準化

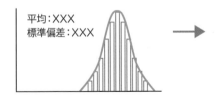

平均：XXX
標準偏差：XXX

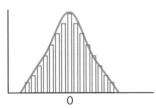

平均：0
標準偏差：1

0

対数変換

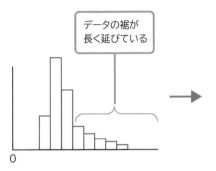

データの裾が
長く延びている

0

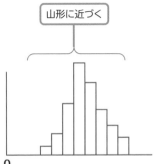

山形に近づく

0

●画像のピクセル値をMin-Maxスケーリングで正規化する

TensorFlowライブラリに、手書き数字の画像「MNIST」というデータセットが収録されています。データセットを読み込んで、0〜255の範囲のグレースケールのピクセル値を0.0〜1.0の範囲にMin-Maxスケーリングで正規化してみましょう。

13-02 「MNIST」データセットを読み込んで、1番目の画像について調べる

```
# MNISTデータセットをインポート
from tensorflow.keras.datasets import mnist
# MNISTデータセットをNumPy配列に格納
(x_train, y_train), (x_test, y_test) = mnist.load_data()
print(x_train[0].shape) # 1番目の画像データの形状
print(x_train[0][5]) # 1番目の画像の6行目のピクセル値を出力
```

●出力

```
(28, 28)
[  0   0   0   0   0   0   0   0   0   0   0   0   3  18
  18  18 126 136 175  26 166 255 247 127   0   0   0   0]
```

1画像あたり28×28ピクセルのデータが、(28行, 28列)の2次元配列として格納されています。学習用として用意されている画像のうち、1番目の画像の6行目のピクセル値を出力してみました。

では、学習用のすべての画像データをMin-Maxスケーリングで正規化してみます。正規化後のデータについても、上の例のように1番目の画像の6行目だけを出力します。

13-03 Min-Maxスケーリングを実行

```
x = x_train/255.0 # 学習用データを正規化
x[0][5] # 1番目の画像の6行目のデータを出力
```

● 出力

```
[0.          0.          0.          0.          0.          0.
 0.          0.          0.          0.          0.          0.
 0.01176471  0.07058824  0.07058824  0.07058824  0.49411765  0.53333333
 0.68627451  0.10196078  0.65098039  1.          0.96862745  0.49803922
 0.          0.          0.          0.          ]
```

Point **Min-Maxスケーリングは最大／最小値が定まっている場合に使う**

　Min-Maxスケーリングには、外れ値の影響を受けやすいというデメリットがあります。このため、画像データの正規化以外の用途で用いられることはほとんどありません。画像データは、グレースケールでもカラー画像のRGB値でも0～255の範囲のピクセル値で表されます。最小値が0、最大値が255（8桁の2進数がすべて1の状態）と決まっているためです。Min-Maxスケーリングは、グレースケールやRGB値の0～255のように、元の範囲が決まっているデータにのみ有効な手法だと考えておきましょう。

Hint **NumPy配列（ndarray）**

　配列を表現する手段として、Python標準の「リスト」がありますが、機械学習では「NumPy」ライブラリの配列（「ndarray」と呼ばれます）が多く使われます。配列を操作する機能が豊富で、なおかつ多次元化したときに扱いやすいためです。

14 データの前処理⑥（標準化）

データのスケーリングの手段として最も多く使われるのが**標準化** (standardization) です。標準化では、どのようなデータでも「平均が0、標準偏差が1」のデータに変換します。Min-Maxスケーリングはデータの最小値と最大値の範囲が明確な場合に適した手法ですが、「外れ値の影響を受けやすい」という弱点があります。標準化は「外れ値の影響を受けにくい」、そして「データが偏った分布であっても使える」というメリットがあります。

●標準化のもとになる標準偏差

統計学では、データの散らばり具合を示す指標として**分散**が用いられます。分散は、n個のデータ $(x_1 \cdots x_n)$ について、データ全体の平均値$\bar{x}$との差（偏差）の2乗をそれぞれ求め、その総和をデータの個数で割って求めます。

●分散を求める式

$$分散〔\sigma^2〕= \frac{(x_1-\bar{x})^2+(x_2-\bar{x})^2+(x_3-\bar{x})^2+ \cdots +(x_n-\bar{x})^2}{n〔データの個数〕}$$

偏差を2乗するのは、偏差をそのまま合計するとプラスの値とマイナスの値が打ち消し合ってしまうためです。こうして求めた分散 (σ^2) には、「平均値の周りにデータが集まっているほど小さな値になり、平均値から離れているデータが多いほど大きな値になる」という特徴があります。

ただ、分散は個々のデータの偏差を2乗しているので、平方根を求めることで元のデータと単位を揃えます。これを**標準偏差**と呼びます。

●標準偏差を求める式

$$標準偏差〔\sigma〕= \sqrt{分散〔\sigma^2〕}$$

●標準化の手順

　標準偏差は、「個々のデータが平均からどのくらい離れているか」を知るための尺度として利用できるので、データ（x_i）とデータ全体の平均（μ）の差を標準偏差（σ）で割ると、「そのデータの平均との差（偏差）が標準偏差の何個分であるか」がわかります。このようにしてデータ全体を標準化すると、「平均＝0、標準偏差＝1」の分布（**標準正規分布**）になります。ただし、元のデータの分布パターンをそのまま残しているので、標準化したデータを学習させても元のデータと同じように学習できます。

●標準化の式

$$標準化＝\frac{データ（x_i）－平均（\mu）}{標準偏差（\sigma）}$$

●実際に標準化をやってみよう

　scikit-learnライブラリに収録されているカリフォルニア住宅価格のデータセット「The California housing dataset」には、8項目の調査データに20,640件のデータが収められています。20,640件は、地区（国勢調査の際に分けられた地区）の総数で、地区あたりの人口は3人～35,682人とされています。MedIncは、各地区の世帯収入（1万ドル単位）の中央値です。MedIncの20,640件のデータの統計量とヒストグラムを出力してみましょう。

14-01 MedInc（収入の中央値）の基本統計量とヒストグラムを出力（セル1）

```python
import pandas as pd # Pandas
from sklearn.datasets import fetch_california_housing
housing = fetch_california_housing() # データセット
df_housing = pd.DataFrame(
    housing.data, # dataキーで8項目のデータを抽出
    columns=housing.feature_names) # feature_namesキーで項目名を抽出
print(df_housing['MedInc'].describe()) # MedIncの統計量を出力
df_housing['MedInc'].hist(bins=50) # MedIncのヒストグラム
```

MedInc（収入の中央値）の基本統計量（出力）

```
count     20640.000000 ───────── データの件数
mean          3.870671 ──── 平均
std           1.899822 ──── 標準偏差
min           0.499900 ──── 最小値
25%           2.563400
50%           3.534800
75%           4.743250
max          15.000100 ──── 最大値
Name: MedInc, dtype: float64
```

14-03 MedInc（収入の中央値）のヒストグラム（出力）

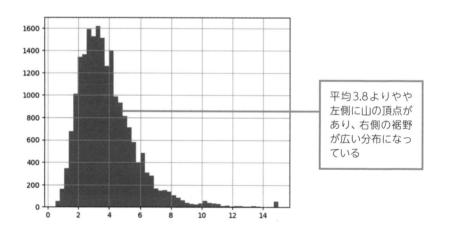

平均3.8よりやや左側に山の頂点があり、右側の裾野が広い分布になっている

　おおむね4,900～150,000ドルの範囲に20,640件のデータが分布しています。MedIncのすべてのデータを標準化して、統計量とヒストグラムを出力してみましょう。

14-04 MedInc (収入の中央値) を標準化して、基本統計量とヒストグラムを出力 (セル2)

```
mean = df_housing['MedInc'].mean()   # MedIncの平均
std  = np.std(df_housing['MedInc'])  # MedIncの標準偏差
x_std = (df_housing['MedInc'] - mean)/std  # 標準化する
print(x_std.describe())  # 標準化後の統計量を出力
x_std.hist(bins=50)      # 標準化後のヒストグラムを出力
```

14-05 標準化後の基本統計量 (出力)

```
count   2.064000e+04
mean    6.609700e-17 ──────── 平均はほぼ0
std     1.000024e+00 ──────── 標準偏差は1
min    -1.774299e+00
25%    -6.881186e-01
50%    -1.767951e-01
75%     4.593063e-01
max     5.858286e+00
Name: MedInc, dtype: float64
```

14-06 標準化後のヒストグラム (出力)

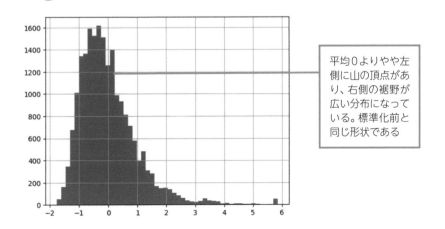

平均0よりやや左側に山の頂点があり、右側の裾野が広い分布になっている。標準化前と同じ形状である

標準化の結果、平均0、標準偏差1のデータにスケーリングされましたが、ヒストグラムの形状すなわちデータの分布は、標準化前とまったく変わっていないことがわかります。

●データを変換する際のテストデータの扱い

標準化を行う際に悩むのが、**検証データの標準化**です。用意したデータを学習用と検証用に分割して利用する場合は、標準化にあたって次のいずれかの方法を用いることになります。

①学習用のデータのみで平均と標準偏差を計算し、それを用いて学習用データと検証用データを標準化する。
②データを学習用と検証用に分割する前の状態で標準化を行い、そのあとで学習用と検証用に分割する。

学習済みのモデルを用いて検証を行う場合は、①の方法を使うのが一般的です。どちらの方法を使うにしても、「学習データとテストデータは同じ変換を行う」ことが重要です。この場合、以下のことは避ける必要があります。

●標準化のNG例
次のような標準化は、データの整合性がとれなくなるので注意してください。

・学習用データの平均と標準偏差を使って、学習用データだけを標準化する。
・検証用データの平均と標準偏差を使って、検証用データを標準化する。

学習用データと検証用データをそれぞれの平均と標準偏差を用いて標準化することになってしまいます。データの分布に大きな違いがなければ特に問題にならないこともあるとはいえ、この方法は避けた方が無難です。

データの前処理⑦（分布の形を変える）

これまでに見てきたMin-Maxスケーリングや標準化は、乗算と加算のみによる変換（**線形変換**）なので、データの分布する範囲は伸縮するものの、分布の「形」そのものは変化しません。一方で、データの分布を表すヒストグラムはきれいな山形を描くとは限らず、左右どちらかの裾野が長くなることがあります。例えば、商品価格のデータでは価格の低い方に分布が集中し、価格が高い方に裾が延びた分布になりがちです。このような場合、元のデータを正規分布に近似させる手段として**非線形変換**が使われます。

●分布の形を変える（対数変換）

指数関数（コラム参照）とペアとなる関数、それが**対数関数**です。対数関数は次の式で表されます。

● **対数関数の式**

$y = \log_a x$

logは**ログ**と読み、$\log_a x$は「aを何乗したらxになるかを表す数」です。例えば、

$\log_3 27$

は「3を何乗したら27になるかを表す数」なので、

$\log_3 27 = 3$

となります（$27 = 3^3$）。**指数**は「同じ数を繰り返し掛け算する」ことを表すのに便利なので、$10 \times 10 \times 10 = 10^3$のように、「掛け算する数（底）」と「掛け算を繰り返す回数（指数）」を指定すれば結果がわかります。これに対して**対数**は、掛け算する数（底）と掛け算を繰り返すことで出た数があらかじめわかっていて、

「1000は10を何回掛け算した数なのか」

のように「掛け算を繰り返す回数（指数）」を求めます。

$$1000 = 10^3$$

の場合は

$$\log_{10}(1000) = 3$$

となり、このことから対数は指数と表裏一体の関係があることがわかります。

　対数関数 $y = \log_a x$ における x と y の関係をグラフにすると、指数関数とは逆に x 軸を右に行くほどカーブが緩やかになる曲線が描かれます。

15-01　対数関数のグラフ

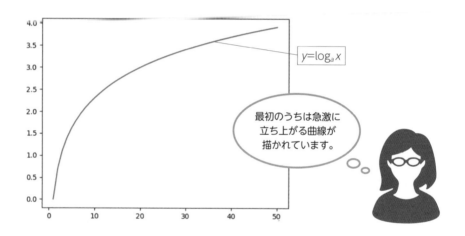

$y = \log_a x$

最初のうちは急激に
立ち上がる曲線が
描かれています。

　例えば、$y = \log_{10} x$ では $x=10$ で $y=1$ ですが、$x=100$ でも $y=2$ にしかならず、$y=3$ にするには $x=1000$ まで x を増やす必要があります。これを別の視点で見ると、10 から 100 への 10 倍の変化と、100 から 1000 までの 10 倍の変化が同じ幅で表されるため、絶対的な値の大きさに関係なく、相対的な変化がよく見えるようになります。

　データをヒストグラムにしたときに、分布が左右どちらかに極端に偏っていたり、裾が長くて変化に乏しい場合、データの特徴をよりつかみやすくするための処理が**対数変換**です。

●対数変換のポイント

対数変換は、「対象のデータの値を変える」という意味では正規化の処理と同じですが、「データの分布が変化する」という違いがあります。これは、データのスケールが大きいときはその範囲が縮小され、逆に小さいときは拡大されるためです。このことで、裾の長い分布の範囲を狭めて山のある分布に近づけたり、極度に集中している分布を押しつぶしたように裾の長い分布に近づけることができます。

ただし、対数変換によって、偏った分布がすべて左右対称の山形になるわけではありません。対数変換が有効なのは、変換前の分布が**対数正規分布**[*]に近い場合です。とはいえ、現実世界のデータにはこれに近い分布が多く見られるので、試してみる価値はあります。

Hint **NumPyの4つの対数変換関数**

NumPyライブラリには、対数変換を行う4種類の関数が用意されています。

●Numpyの対数変換関数

関数の書式	説明	使用される式
np.log(x)	底をネイピア数eとするxの対数（自然対数）	$\log_e(x)$
np.log2(a)	底を2とするxの対数	$\log_2(x)$
np.log10(a)	底を10とするxの対数（常用対数）	$\log_{10}(x)$
np.log1p(a)	底をeとするx+1の対数。対数変換後の値が0にならない	$\log_e(x+1)$

[*] **対数正規分布** 確率変数Yが正規分布に従うとき、e^Yが従う分布を対数正規分布という。確率変数の対数をとったとき、対応する分布が正規分布に従うものとして定義される。

Column　指数関数とは

　ニュースの中で「○○の感染者が指数関数的に増加」というフレーズを耳にしたことがあると思います。指数関数的な増加とは、ある期間ごとに定数倍（a倍）されていくような増加のことです。これを数式で表すと、

$$y=a^x$$

となります。a^xを10^3と置いた場合、数字の右上に置かれた小さな数字が「指数」で、10^3は「10の3乗」と読み、「10を3回掛け合わせた数」を意味します。つまり、

$$10^3=10×10×10=1000$$

です。

　指数は「同じ数を繰り返し掛け算する回数」を表します。また、繰り返し掛け算される数、a^xのa、10^3の10を「底(てい)」と呼びます。上記のように、$y=a^x$で表される**指数関数**は、aの値が少しでも変わると増加のペースが一気に上がります。倍々に増えていく現象を指数関数で表すと$y=2^x$です。

　ここで、yを感染者数、xを経過時間（分）とすると、xに好きな時間（分）を入れることで、そのときの感染者数yを知ることができます。x軸（経過時間）とy軸（感染者数）の関係をグラフにすると、x軸を右へ行くほど急激に立ち上がる曲線が描かれます。

●指数関数のグラフ

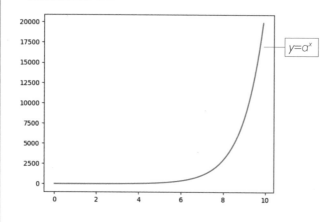

●実際に対数変換をやってみよう

scikit-learnライブラリに収録されている、カリフォルニア住宅価格のデータセット「The California housing dataset」の8項目のデータの中に「Population（地区の人口）」があります。

15-02 Populationの基本統計量とヒストグラムを出力（セル1）

```python
import pandas as pd # Pandas
from sklearn.datasets import fetch_california_housing
housing = fetch_california_housing() # データセット
df_housing = pd.DataFrame(
    housing.data, # 8項目のデータを抽出
    columns=housing.feature_names) # 項目名を抽出
print(df_housing['Population'].describe()) # Populationの基本統計量
df_housing['Population'].hist(bins=50)     # Populationのヒストグラム
```

15-03 Populationの基本統計量（出力）

```
count    20640.000000 ─────────  データの件数
mean      1425.476744 ──────  平均
std       1132.462122 ──────  標準偏差
min          3.000000 ──────  最小値
25%        787.000000
50%       1166.000000
75%       1725.000000
max      35682.000000 ──────  最大値
```

1ブロックあたりの人口は3人から35,682人までとかなりの開きがあります。ヒストグラムを見ると、平均値の周りにデータが集中し、右側に裾野が薄く延びる分布になっていることがわかります。

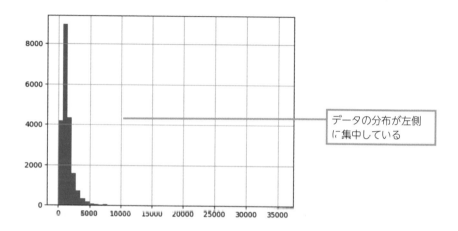

データの分布が左側
に集中している

$y=\log_{10}x$のように底を10とした常用対数を求めるNumPyの関数log10()を使っ
て、Populationのデータを対数変換します。

15-05　Populationのデータを対数変換する（セル2）

```
import numpy as np  # NumPy
x_log = np.log10(df_housing['Population'])  # 対数変換（底10）
print(x_log.describe())  # 変換後の基本統計量
x_log.hist(bins=50)      # 対数変換後のヒストグラム
```

Point 対数変換の目的

　データが分布する範囲が広い（大きい）場合は、対数変換をすることで範囲を狭く
（小さく）できます。逆に分布の範囲が狭い（小さい）場合は、対数変換をすることで範
囲を広く（大きく）できます。山の形をした正規分布に近づけることで、正規分布を前
提とするデータ分析の手法が適用できるようになります。

15-06 対数変換後の基本統計量（出力）

```
count    20640.000000
mean         3.050535 ————— 平均
std          0.320737 ————— 標準偏差
min          0.477121 ————— 最小値
25%          2.895975
50%          3.066699
75%          3.236789
max          4.552449 ————— 最大値
```

15-07 対数変換後のヒストグラム（出力）

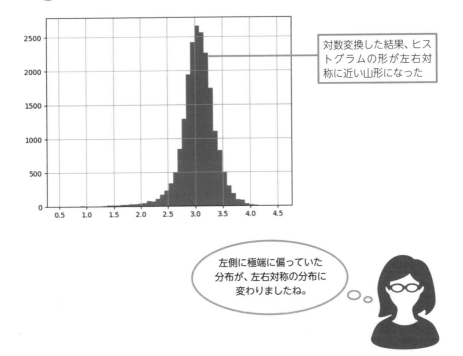

対数変換した結果、ヒストグラムの形が左右対称に近い山形になった

左側に極端に偏っていた分布が、左右対称の分布に変わりましたね。

　3.0辺りを頂点にして、ヒストグラムの形が山形になっています。絶対的な値の大きさに関係なく、相対的な変化がよくわかるようになったようです。

16 教師あり学習における 説明変数と目的変数

教師あり学習における**説明変数**と**目的変数**について紹介します。

●予測問題における説明変数と目的変数

　教師あり学習では、学習するデータとその答えとなるデータ (教師データ) をモデルに読み込み、モデルからの出力が答えのデータと一致するように学習を行います。このとき、学習するデータを明確に区別できるように、「説明変数」と「目的変数」という用語が使われます。

　目的変数はすなわち教師データ、教師あり学習における正解値のことを指します。説明変数とは、目的変数の原因となる変数のことで、テーブルデータにおける列 (カラム) のデータに相当します。

16-01 「The California housing dataset」をテーブルデータとして表示したところ

説明変数の数は8です。

説明変数　　　　　　　　　　　　　　　　　目的変数

	MedInc	HouseAge	AveRooms	AveBedrms	Population	AveOccup	Latitude	Longitude	Price
0	8.3252	41.0	6.984127	1.023810	322.0	2.555556	37.88	-122.23	4.526
1	8.3014	21.0	6.238137	0.971880	2401.0	2.109842	37.86	-122.22	3.585
2	7.2574	52.0	8.288136	1.073446	496.0	2.802260	37.85	-122.24	3.521
3	5.6431	52.0	5.817352	1.073059	558.0	2.547945	37.85	-122.25	3.413
4	3.8462	52.0	6.281853	1.081081	565.0	2.181467	37.85	-122.25	3.422
...	...	...	...	...	...	...	...	...	...
20635	1.5603	25.0	5.045455	1.133333	845.0	2.560606	39.48	-121.09	0.781
20636	2.5568	18.0	6.114035	1.315789	356.0	3.122807	39.49	-121.21	0.771
20637	1.7000	17.0	5.205543	1.120092	1007.0	2.325635	39.43	-121.22	0.923
20638	1.8672	18.0	5.329513	1.171920	741.0	2.123209	39.43	-121.32	0.847
20639	2.3886	16.0	5.254717	1.162264	1387.0	2.616981	39.37	-121.24	0.894

20640 rows × 9 columns

先に出てきたカリフォルニア住宅価格のデータセットには、正解値（目的変数）以外に8項目のデータがありました。この8項目のデータが説明変数です。予測問題における説明変数の値は連続値または離散値になりますが、目的変数の値は連続値になります。

●分類問題における説明変数と目的変数

分類問題における説明変数は予測問題と同じ解釈になりますが、目的変数については**正解ラベル**と呼び方を変えます。3種類の画像を分類する問題を考えた場合、説明変数に対して正解を示す「自動車」、「飛行機」、「船」の3つの単語がラベルとして与えられます。このように3つのラベルに分類する場合、「3クラスの分類問題」という言い方をします。このときのクラスという用語は、カテゴリの意味を持つことから「ラベルの数3＝3クラス（カテゴリ）」となります。

次図は、分類問題の学習用データセット「UCI ML Wine Data Set」をPandasのデータフレーム（テーブル形式のデータ構造）に読み込んだところです。

16-02 ワインの品質を0、1、2に分類するデータセット

> 説明変数の数は13です。

> 正解ラベルは「0、1、2」のいずれかです。

説明変数　**目的変数**

	alcohol	malic_acid	ash	alcalinity_of_ash	magnesium	proline	target
0	14.23	1.71	2.43	15.6	127.0	1065.0	0
1	13.20	1.78	2.14	11.2	100.0	1050.0	0
2	13.16	2.36	2.67	18.6	101.0	1185.0	0
3	14.37	1.95	2.50	16.8	113.0	1480.0	0
4	13.24	2.59	2.87	21.0	118.0	735.0	0
...	...	...	...	...	...	...	...
173	13.71	5.65	2.45	20.5	95.0	740.0	2
174	13.40	3.91	2.48	23.0	102.0	750.0	2
175	13.27	4.28	2.26	20.0	120.0	835.0	2
176	13.17	2.59	2.37	20.0	120.0	840.0	2
177	14.13	4.10	2.74	24.5	96.0	560.0	2

178 rows × 14 columns

予測モデルに使用する アルゴリズムの選定

　機械学習では、学習の目的に応じたアルゴリズム (問題解決の手法) を選定し、モデルを作成します。ここでは、教師あり学習の予測問題で用いられるアルゴリズムについて見ていきます。

●教師あり学習の学習方法には2つのタイプがある

　教師あり学習では、**予測問題**と**分類問題**の両方が行われます。それぞれで用いられるアルゴリズムには、解析的に厳密解 (誤差なく求められた解) を1回の処理 (学習) で求めるタイプと、近似解 (試行を繰り返すことで得られた解) を求めるタイプがあります。近似解を求めるタイプは、誤差が最小になるまで試行を繰り返しますが、このときの試行が学習に相当し、「試行回数=学習回数」になります。

17-01　解析的に解 (厳密解) を求めるタイプ

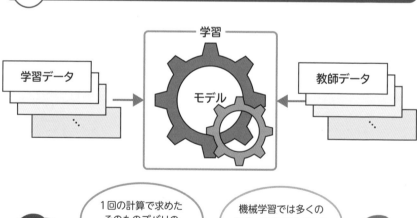

1回の計算で求めた
そのものズバリの
答えが厳密解です。

機械学習では多くの
場合、近似解を求める
ことになります。

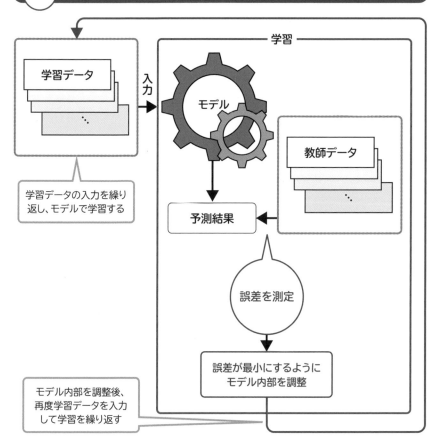

学習データの入力を繰り返し、モデルで学習する

モデル内部を調整後、再度学習データを入力して学習を繰り返す

Point 厳密解と近似解

● 厳密解（解析解）
　理論的に導き出される解のことで、方程式によって解析的に解を得ます。

● 近似解
　厳密解は常に得られるとは限りません。厳密解を得られないときは、ある計算を繰り返すなどして解に近い値（近似解）を求めます。最も近い値を求めることから**最適化**と呼ばれる場合があります。

●予測問題に用いられる統計ベースの回帰アルゴリズム

　予測問題におけるモデルには、統計学の**回帰分析**の手法をベースにしたアルゴリズムが用いられます。回帰という用語には「データが理論上とり得る値を発見する（データがとり得る値に回帰する）」という意味があります。回帰アルゴリズムを実装したモデルは、データを学習することで、データが理論上とり得る値の計算式（**回帰式**と呼ばれます）を確立します。

●単回帰

　説明変数の数が1の場合は**単回帰**と呼ばれます。

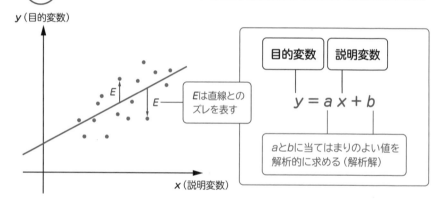

17-03　目的変数と説明変数の直線的な関係を、1次関数（回帰式）で表す

y（目的変数）

Eは直線とのズレを表す

目的変数　説明変数

$$y = a x + b$$

aとbに当てはまりのよい値を解析的に求める（解析解）

x（説明変数）

説明変数
・地区の人口　→　目的変数
・住宅価格の中央値

●重回帰

　説明変数の数が2以上の場合は**重回帰**と呼ばれます。予測の精度は高くなりますが、回帰式に用いられる係数の数が増えるので、計算が複雑になります。

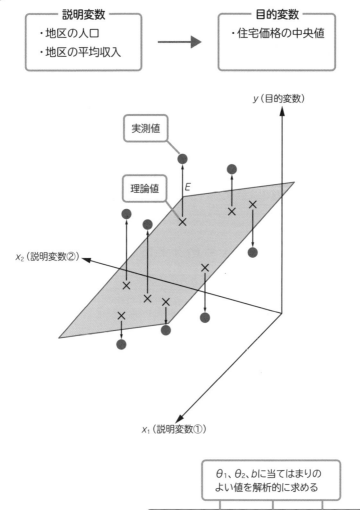

説明変数
・地区の人口
・地区の平均収入

→

目的変数
・住宅価格の中央値

y（目的変数）

実測値

理論値

E

x_2（説明変数②）

x_1（説明変数①）

θ_1、θ_2、bに当てはまりの
よい値を解析的に求める

3次元グラフの面を表す回帰式

$$y = \theta_1 x_1 + \theta_2 x_2 + b$$

目的変数　　説明変数①　　説明変数②

●多項式回帰

　単回帰も重回帰も、説明変数と目的変数が線形 (加算または乗算により直線状に値が上昇する) の関係にありますが、関係を線形ではなく非線形として捉えようとするのが**多項式回帰**です。事前に、説明変数の値を累乗した新しい説明変数を作成し、これを加えてモデルに学習させます。

17-05 説明変数の数が1で2次の多項式

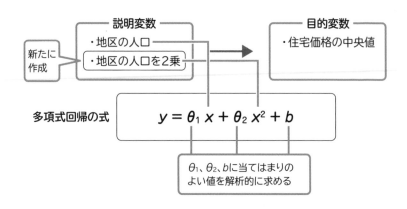

17-06 説明変数と目的変数の散布図上に、多項式回帰で求めた理論値の曲線を描く

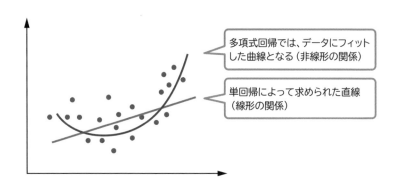

●予測問題に用いられる機械学習系の回帰アルゴリズム

明確に区分されているわけではありませんが、本書では

・学習を繰り返すことで近似解を求めるタイプ
・予測問題と分類問題に対応するタイプ

のアルゴリズムを、機械学習系のアルゴリズムとしてまとめました。

●勾配降下アルゴリズムによる回帰

統計ベースの回帰アルゴリズムによる解析解を求めたあと、モデルが出力する予測値と正解値 (目的変数) との誤差を測定し、誤差を最小にするように再計算を行います。1回の計算を学習1回とカウントし、予測値と正解値との誤差が最小になるまで学習を繰り返します。このとき、誤差を最小にする手段として**勾配降下法**と呼ばれるアルゴリズムが用いられます。学習を繰り返す手順は図「17-02　学習を繰り返すことで近似解を求めるタイプ」に示した通りです。

●サポートベクターマシン回帰

サポートベクターマシン (SVM[*]) は、線形／非線形の予測問題だけでなく、分類問題にも用いられるアルゴリズムです。説明変数のデータを大きく引き離す境界線を引くことを目的とします。境界線に近い位置にあるデータ点を**サポートベクトル**と呼び、境界線を位置付ける役割をするので、サポートベクトルの選定が重要なポイントになります。サポートベクターマシンを予測問題に用いる場合、境界線で囲まれた範囲にできるだけ多くのデータが入るようにマージンが決定されます。次の図は、説明変数と目的変数が交わるデータ点を散布図にしたものに、サポートベクターマシン回帰で求めた理論値と単回帰で求めた理論値の直線を描画したイメージです。

＊SVM　Support Vector Machineの略。

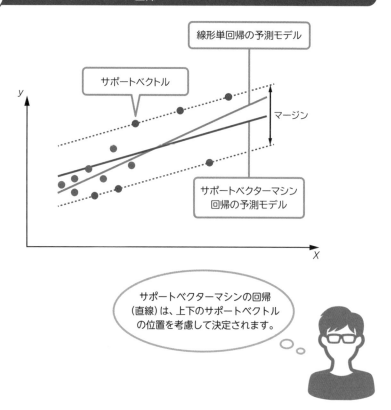

サポートベクターマシンの回帰
（直線）は、上下のサポートベクトル
の位置を考慮して決定されます。

●決定木回帰

決定木は、Yes／Noで答えられる条件（根ノード）を頂点に、根ノードの下に続けて条件（葉ノード）を次々に分岐させることで分類問題を解くアルゴリズムです。決定木は、根ノードや葉ノードの条件を連続値にすることで、予測問題に用いることができます。

●ランダムフォレスト回帰

決定木を複数構築し、それぞれの決定木の最終出力の結果の平均をとる（または多数決をとる）ことで、最終的な解を求めます。予測問題と分類問題の両方に使えるアルゴリズムです。

分類モデルに使用する アルゴリズムの選定

分類問題のモデルで用いられるアルゴリズムは、予測問題にも転用できるのが大きな特徴です。ここでは、分類問題で用いられる主なアルゴリズムについて紹介します。

●サポートベクターマシン分類

サポートベクターマシンは、説明変数のデータを大きく引き離す境界線を引くことを目的とします。説明変数の数が2であれば、2次元のグラフで、分類境界を直線で図示することができます。また説明変数の数が3であれば、3次元のグラフ上で、分類境界を面として図示できます。

18-01 説明変数の数が3で、二値分類の境界を示す面

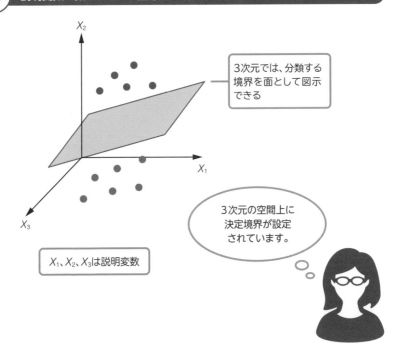

3次元では、分類する境界を面として図示できる

X_1、X_2、X_3は説明変数

3次元の空間上に決定境界が設定されています。

●決定木分類

　分類を行う**決定木**は、Yes／Noで答えられる条件 (根ノード) を頂点に、根ノード
の下に続けて条件 (葉ノード) を次々に分岐させます。

18-02　気温と湿度の関係から「よく売れる」「あまり売れない」の二値分類を行う

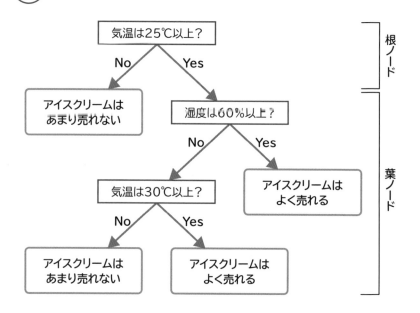

Point **決定木の特徴**

　決定木 (けっていぎ) は、ランダムフォレストや勾配ブースティング決定木にも使
われる核となるアルゴリズムです。決定木の長所として、

・欠損値があってもそのまま使える

・学習結果の解釈が容易

などが挙げられます。反対に短所として、決定木における条件分岐が複雑になりやす
く、過学習 (過剰適合) しやすい点があります。

●ランダムフォレスト分類

　決定木を複数構築し、それぞれの決定木の最終出力の結果の平均をとる (または多数決をとる) ことで、最終的な解を求めます。

18-03　ランダムフォレスト

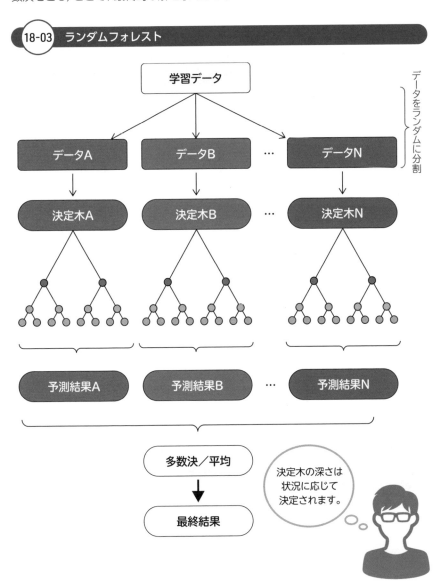

決定木の深さは
状況に応じて
決定されます。

●勾配ブースティング決定木分類

　ランダムフォレストの手法を改良したアルゴリズムです。最初に作成した決定木の出力から正解ラベルとの誤差を測定し、誤差を改善するように決定木内部のパラメーター（係数）の値を調整します。調整後のパラメーターは次の決定木に渡され、これを誤差が最小になるまで繰り返します。

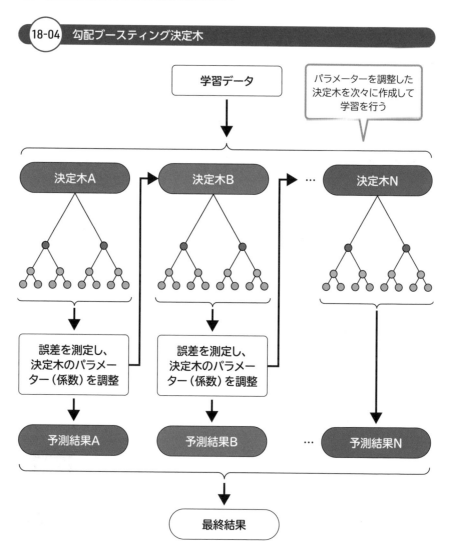

18-04　勾配ブースティング決定木

●ニューラルネットワーク

　ディープラーニング (深層学習) の分野で用いられるアルゴリズムです。モデルの中にはたくさんの計算ユニットのセットが配置され、最終出力と正解ラベルとの誤差を測定し、誤差をなくすように計算ユニット内のパラメーター (「重み」と呼ばれる) の値を調整します。これを1回の学習としてカウントし、出力値と正解ラベルとの誤差が最小になるまで学習を繰り返します。

18-05　二値分類のニューラルネットワークの例

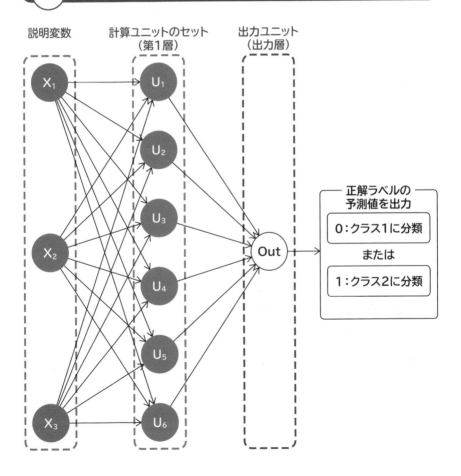

19 検証用データの抽出方法

教師あり学習では、学習後のモデルがどの程度の性能なのかを検証する必要があります。モデルにデータを入力し、出力された予測値を正解値または正解ラベルと照合して、誤差がどの程度あるのか調べます。このときに使われるのが検証用のデータです。

●検証用のデータはモデルの学習には使わない

通常、検証用のデータがはじめから存在することはまれなので、学習に使用するデータの一部を取り出して、これを検証用のデータにします。このときに注意しなければならないのが、「学習データと検証データは完全に分けておく」ということです。学習データを検証に使用してはいけません。

19-01　学習データを検証に使用した場合

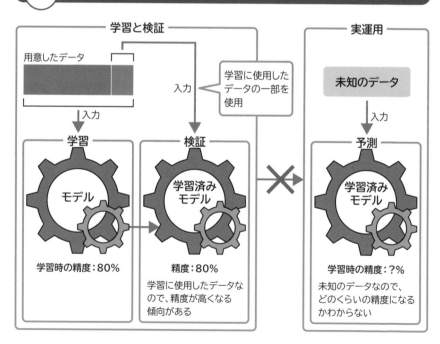

19-02 学習データと検証に使用するデータは分けておく

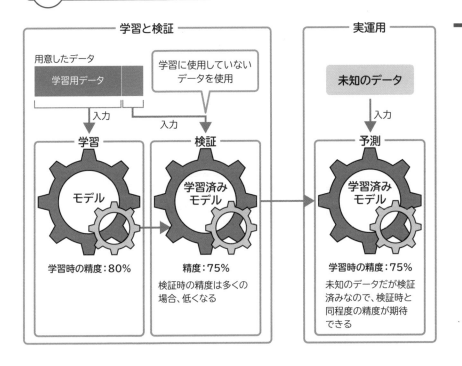

●データを標準化するときの注意点

　データの前処理として標準化を行う場合、学習用データだけでなく検証用データについても標準化しておくことが必要です。標準化されたデータで学習するので、検証用のデータも条件を同じにしておかないと、モデルが異なる結果を出力してしまうためです。

　ただし、標準化を行うときは「学習データと検証データをまとめて標準化してはならない」ことに注意してください。用意したデータを一括して標準化したあとで学習用データと検証用データに分割した場合、検証用データの情報が学習に使われてしまうためです。標準化した値は、データの偏差（平均との差）をデータ全体の標準偏差で割ることで求めます。

●標準化の式

$$\frac{x-\bar{x}}{s}$$ （x：個々のデータ　$\bar{x}$：データ全体の平均値　s：データ全体の標準偏差）

この式におけるデータ全体の平均値$\bar{x}$と標準偏差sには、検証用データの情報が含まれています。検証用データの情報が流出 (あるいは漏洩) しているとして、機械学習の競技会 (分析コンペ) などでは禁止されていたりします。禁止とまではいかなくても、検証に用いるデータの情報は使わない方が望ましいでしょう。

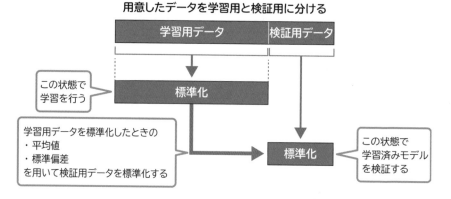

19-03　学習データと検証データをまとめて標準化した場合

用意したデータ

標準化

学習用データ　　検証用データ

検証に用いるデータの情報が含まれた状態で学習することになる

検証用データの情報を含めて標準化されている

19-04　学習データの平均値と標準偏差で検証データを標準化

用意したデータを学習用と検証用に分ける

学習用データ　　検証用データ

この状態で学習を行う

標準化

学習用データを標準化したときの
・平均値
・標準偏差
を用いて検証用データを標準化する

標準化

この状態で学習済みモデルを検証する

●ホールドアウト (Hold-Out) 検証

ホールドアウト検証では、用意したデータをランダムに分解し、その一部を検証(バリデーション)に使用します。最もシンプルな方法で、手持ちのデータを使って試行錯誤が行えます。

19-05 ホールドアウト検証

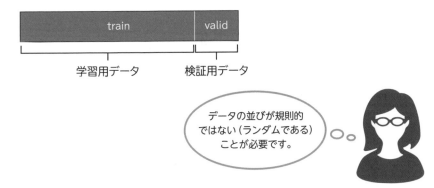

データが何らかの規則に従って並んでいる場合は、注意が必要です。例えば、多クラスの分類問題において、データが分類先のクラス (正解ラベル) ごとに並んでいるような場合です。データの並びをそのままにして分割すると、データ自体に偏りが生じ、正しく学習できないばかりか、検証もうまく行えません。

データを分割する場合は、データをシャッフルして並び順をランダムにしてから分割することが重要です。一見、ランダムに並んでいるように見えるデータであっても、安全のためシャッフルしておきましょう。

Hint **ホールドアウト検証とクロスバリデーション(交差検証)
の使い分け**

ホールドアウト検証は、データセット全体をランダムに分割するだけで行えます。

一方、**クロスバリデーション(交差検証)**は、分割した分だけ学習時間が長くなる傾向があることから、短い時間で検証したい場合にはホールドアウト検証が有効です。

●クロスバリデーション (Cross Validation : 交差検証)

ホールドアウトを複数回繰り返すことで、最終的にすべてのデータを使ってバリデーションを行う、という手法です。

19-06 クロスバリデーション

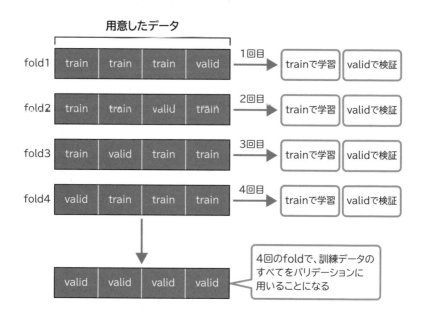

データからバリデーションデータ (検証用データ) を抽出することを**fold**と呼びます。上の図で示した例では、foldを4回繰り返すことで、訓練データのすべてをバリデーションデータに用いるようにしています。計4回のバリデーションが行われることになりますが、スコアの平均をとることで、各foldで生じる偏りを極力減らします。

scikit-learnライブラリには、クロスバリデーション用のデータセットを作成する**KFoldクラス**が収録されています。用意したデータを、fold数を指定して分割し、それぞれ抽出されたバリデーションデータを使ってモデルで予測を行ってその平均をとる、という使い方をします。

　この場合、fold数を例えば2から4に増やした場合、計算する時間は2倍になりますが、1回の学習に用いるデータが全体の50%から75%に増えるので、その分、モデルの精度向上が期待できます。ただ、fold数を増やすことと学習に用いるデータ量が増えることとは比例しないので、むやみにfold数を増やしても意味がありません。一般的にfold数は4か5程度で十分でしょう。

　一方で、手持ちのデータが大量にあるような状況では、バリデーションに使用するデータの割合を変えてもモデルの精度がほとんど変化しない、ということがあります。そのような場合は、fold数を2にするか、いっそのことホールドアウト検証にするという選択肢も有効です。

●Stratified K-fold

　二値分類や多クラス分類などの分類問題では、分類先のクラスの割合が同程度になるように分割することがあります。これをStratified K-fold（層化抽出）と呼びます。検証データにおいて分類先のクラスの割合をほぼ同じにして、バリデーションの評価を安定させるのが目的です。

　特に、極端に正解になりにくいクラスが存在する場合は、バリデーションデータをランダムに抽出すると、foldごとにそのクラスが含まれる割合に偏りがあることが原因で、foldごとのスコアにぶれが生じることがあります。このような場合は、Stratified K-foldを行うのが有効です。scikit-learnライブラリには、Stratified K-foldを実施するStratifiedFoldクラスが収録されています。

Point 層化K-分割交差検証
(Stratified K-fold Cross Validation)

　学習用データと検証用データで目的変数（正解ラベル）に偏りがあると、学習がうまくいかなかったり、検証時にも正しく評価できない恐れがあります。このような場合に、Stratified K-foldを用いた層化K-分割交差検証（Stratified K-fold Cross Validation）が有効です。

20 予測問題で使われる評価指標

予測問題では、モデルが出力する予測値と正解値との誤差を測定し、これを用いてモデルの性能 (精度) を評価します。ここでは、予測モデルを評価する指標として用いられる代表的な手法について見ていきます。

●予測モデルの誤差とは

予測問題に用いられるモデルの**誤差**とは、モデルが出力した予測値と目的変数としての正解値との差分のことです。**残差**と呼ばれることもあります。

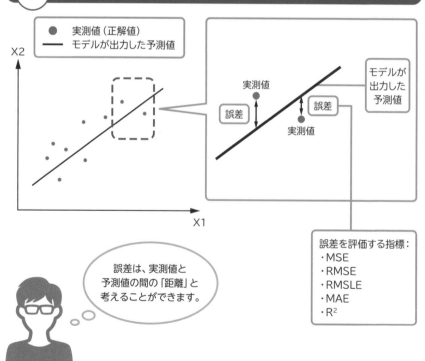

20-01　予測モデルにおける誤差

● 実測値 (正解値)
— モデルが出力した予測値

X2

実測値

誤差　誤差

実測値

モデルが出力した予測値

誤差を評価する指標:
・MSE
・RMSE
・RMSLE
・MAE
・R^2

X1

誤差は、実測値と予測値の間の「距離」と考えることができます。

●MSE (平均二乗誤差)

　モデルが出力した予測値と実測値(正解値)との差を2乗し、その総和を求めてデータの数で割って平均を求めます。こうして求めた値を**平均二乗誤差 (MSE[*])** と呼びます。MSEが小さいほど、誤差が少ない精度のよいモデルとなります。

●MSEを求める式

$$MSE = \frac{1}{n}\sum_{i=1}^{n}(y_i - \hat{y}_i)^2$$

　n：データの数　y_i：i番目の実測値 (正解値)　$\hat{y}_i$：i番目の予測値

●RMSE (二乗平均平方根誤差)

　MSEでは誤差を2乗した総和の平均を求めているため、誤差の単位が「元の単位の2乗」になっています。これを補正して元の単位に揃えたものが**二乗平均平方根誤差 (RMSE[*])** です。予測値と実測値の差の二乗平均 (MSE) の平方根をとることで求めます。

●RMSEを求める式

$$RMSE = \sqrt{\frac{1}{n}\sum_{i=1}^{n}(y_i - \hat{y}_i)^2}$$

Point MSEとRMSE、それぞれのメリット

　MSEは、誤差の2乗の平均値なので計算が簡単です。ただし、誤差の単位が元の単位の2乗であるため、誤差の大小が直感的にわかりにくい面があります。その点、RMSEはMSEの平方根をとって元の単位に揃えるので、特に価格の予測などで誤差を知りたいときに有効です。

---

*MSE　Mean Squared Error の略。
*RMSE　Root Mean Square Error の略。

●RMSLE（対数平方平均二乗誤差）

対数平方平均二乗誤差（RMSLE*）は、予測値と正解値の対数差の二乗和の平均の平方根をとることで求めます。

●RMSLEを求める式

$$RMSLE = \sqrt{\frac{1}{n}\sum_{i=1}^{n}(\log(1+y_i) - \log(1+\hat{y}_i))^2}$$

　対数をとる前に、予測値と実測値の両方に1を足しているのは、予測値または実測値が0の場合にlog(0)となって、計算できなくなることを避けるためです。

●RMSLEの特徴

RMSLEには、次の特徴があります。

・予測値が正解値を下回る（予測の値が小さい）場合に大きなペナルティが与えられるので、来客数の予測や店舗の在庫を予測するようなケースで有効です。「来客数を少なめに予測したために、仕入れや人員が不足してしまう」、「出荷数を少なく見積もったために、在庫が余ってしまう」といったことを避けたい場合です。
・分析に用いるデータのバラツキが大きく、かつ分布に偏りがある場合に、データ全体を対数変換して正規分布に近似させることがあります。目的変数（正解値）を対数変換した場合は、RMSEを最小化するように学習することになりますが、これは対数変換前のRMSLEを最小化するのと同じ処理をしていることになります。

> **Point** ## RMSLEの使いどころ①
>
> 　予測値が正解値を下回ると困る場合は、誤差の測定方法としてRMSLEを使うのが有効です。

＊**RMSLE**　Root Mean Squared Logarithmic Errorの略。

●RMSLEは、予測値が小さい場合に大きなペナルティを課す

ここで、実際にRMSEとRMSLEで同じデータを測定して、両者の違いを見てみることにします。RMSEを求めるには、scikit-learnライブラリのmean_squared_error()でMSEを求めて平方根をとります。またRMSLEは、同じくmean_squared_log_error()でMSLEを求めて平方根をとります。

20-02 同じデータを使ってRMSEとRMSLEを出力（セル1）

```python
import numpy as np
from sklearn.metrics import mean_squared_error # MSE
from sklearn.metrics import mean_squared_log_error # MSLE


y_true = np.array([1000, 1200, 1400]) # 正解値
y_high = np.array([1400, 1600, 1800]) # 正解値より400大きい
y_low = np.array([600, 800, 1000])    # 正解値より400小さい

print('予測値が大きいRMSE:',
    np.sqrt(mean_squared_error(y_true, y_high)))
print('予測値が小さいRMSE:',
    np.sqrt(mean_squared_error(y_true, y_low)))
print('予測値が大きいRMSLE:',
    np.sqrt(mean_squared_log_error(y_true, y_high)))
print('予測値が小さいRMSLE:',
    np.sqrt(mean_squared_log_error(y_true, y_low)))
```

●出力

予測値が大きいRMSE: 400.0

予測値が小さいRMSE: 400.0

予測値が大きいRMSLE: 0.2936789718779085

予測値が小さいRMSLE: 0.42322145530628513

結果を見ると、RMSEでは予測値が正解値を上回っても下回っても誤差は同じですが、RMSLEでは予測値が正解値を下回った場合の誤差が大きくなっています。予測値が小さいときにより大きなペナルティを課していることになります。

●RMSLEは、誤差が同じでも比率が大きい方に大きなペナルティを課す

RMSLEは、「誤差の値が同じでも、正解値に対する誤差の比率が大きいときに大きなペナルティを課す (RMSLE値を大きくする)」という特徴があります。

20-03 誤差の比率が異なる場合のRMSLEを出力 (セル2)

```
y_true = np.array([1000, 1000]) # 正解値
y_pred = np.array([1500, 1500]) # 予測値
print('誤差の比率が大きいRMSLE:',
    np.sqrt(mean_squared_log_error(y_true, y_pred)))
y_true = np.array([100000, 100000]) # 正解値
y_pred = np.array([100500, 100500]) # 予測値
print('誤差の比率が小さいRMSLE:',
    np.sqrt(mean_squared_log_error(y_true, y_pred)))
```

●出力

```
誤差の比率が大きいRMSLE: 0.40513205231824134
誤差の比率が小さいRMSLE: 0.004987491760291007
```

結果を見ると、正解値に対する誤差の値が同じでも、比率が大きい場合は大きな値を出力していることがわかります。単に予測値の誤差を求めるのではなく、予測が大きく外れているのかどうかを知りたい場合に、RMSLEは有効な手法です。

Point RMSLEの使いどころ②

RMSLEは、誤差が同じ場合は誤差の比率が大きい方に大きなペナルティを課します。データのレンジ (範囲) が大きいとき、実測値と予測値の誤差を比率や割合として表現したい場合に、RMSLEが適しています。

●MAE (平均絶対誤差)

平均絶対誤差 (MAE[*]) は、正解値と予測値の絶対差の平均をとったもので、次の式で求めます。

●MAEを求める式

$$MAE = \frac{1}{n}\sum_{i=1}^{n} |y_i - \hat{y}_i|$$

MAEは誤差を2乗していないので、MSEやRMSEに比べて外れ値の影響を受けにくいという特徴があります。予測値と正解値の誤差の中に突出した誤差が含まれている場合は、MAEが最適な選択肢かもしれません。元のデータと単位が変わらないこともポイントの1つです。ただ、MAEを使う場合は、小さな値の誤差が読み取りにくくなる点に注意が必要です (小さな値のまま平均されるので)。また、評価用としてではなく、モデルの学習を行うときの損失関数 (1回の学習ごとに誤差を測定する関数) としては、数学的な理由から扱いにくい面[*]があります。

●決定係数 (R^2)

決定係数R^2は、予測モデルの当てはまりのよさを確認する指標として用いられます。最大値は1で、1に近いほど精度の高い予測ができていることを意味します。次の式からわかるように、分母は正解値とその平均との差 (偏差) の平方和、分子は正解値と予測値との二乗誤差の和となっています。

●R^2を求める式

$$R^2 = 1 - \frac{\sum_{i=1}^{n}(y_i - \hat{y}_i)^2}{\sum_{i=1}^{n}(y_i - \bar{y})^2}$$

- n：データの数
- y_i：i番目の実測値 (正解値)
- $\hat{y}_i$：i番目の予測値
- $\bar{y}$：正解値の平均

---

* **MAE**　Mean Absolute Errorの略。
* **数学的な理由から扱いにくい面**　勾配降下法による勾配計算を利用して最適化 (学習) を行う場合、誤差の勾配が不連続になることがある。

21 二値分類で使われる評価指標 (混同行列を用いる評価指標)

ここからは、分類問題で用いられる評価指標について見ていきます。最初に取り上げるのは、二値分類についての評価指標です。

●混同行列に基づく評価指標

例として、イヌとネコの画像を二値分類する場合、正しく分類できることもありますし、その一方で誤って分類してしまうケースもあります。このように、予測値と正解値との間にある関係を知るために**混同行列 (Confusion Matrix)**」といったものが使われます。例として、ネコとイヌの画像の二値分類の場合、陰と陽を用いてネコを陽 (Positive)、イヌを陰 (Negative) として、次のように考えます。

21-01 混同行列

ネコを陽 (Positive)、イヌを陰 (Negative) とする
・TP (True Positive) ：ネコを正しくネコと推測できている状態
・TN (True Negative) ：ネコではないものを正しくネコではないと
　　　　　　　　　　　　推測できている状態
・FP (False Positive) ：イヌを誤ってネコと推測している状態
・FN (False Negative)：ネコを誤ってイヌと推測している状態

		モデルの分類予測	
		ネコ Positive	イヌ Negative
正解	ネコ Positive	TP	FN
	イヌ Negative	FP	TN

●正解率 (Accuracy) と誤答率 (Error Rate)

正しく分類できたTPとTNの割合を表す指標が「正解率 (Accuracy)」です。

● 正解率 (Accuracy) を求める式

$$\text{Accuracy} = \frac{TP+TN}{TP+TN+FP+FN} = \frac{TP+TN}{n〔データの数〕}$$

誤答率 (Error Rate) は、次の式で求めます。

● 誤答率 (Error Rate) を求める式

$$\text{Error Rate} = 1 - \text{Accuracy}$$

正解率は直感的にわかりやすい指標ですが、正解値のPositiveとNegativeの割合が均一でない場合は、モデルの性能を評価しづらいという側面があります。

●適合率 (精度:Precision) と再現率 (Recall)

「Positiveと予測されたデータ (TP+FP) のうち、実際にPositiveだったデータ (TP) の割合」を示す指標が**適合率**で、**精度** (Precision) とも呼ばれます。

● 精度 (Precision) を求める式

$$\text{Precision} = \frac{TP}{TP+FP}$$

再現率 (Recall) は、「Positiveと予測すべきデータのうち、どの程度をPositiveの予測として含めることができているか」の割合です。別の言い方をすると、「取りこぼしなく、Positiveなデータを正しくPositiveと推測できているかどうか」を評価する指標です。この値が高いほど、間違ったPositiveの判断が少ないということになります。

●再現率 (Recall) を求める式

$$\text{Recall} = \frac{TP}{TP+FN}$$

　誤りを減らしたい場合はPrecisionをチェックし、Positiveの取りこぼしを減らしたい場合はRecallをチェックすることになります。ただし、AccuracyとRecallは、「どちらかの値を高くすると、もう一方の値は低くなる」関係にあり、一方の値を無視すればもう一方の値を1に近づけることが可能です。このことから、AccuracyとRecallの代わりとして、AccuracyとRecallの調和平均をとるF1-scoreが使われることもあります。

●Γ1-Score／Fβ-Score

　F1-Scoreは、PrecisionとRecallの調和平均を用いる評価指標です。統計学で「F値」と呼ばれている指標です。

●F1-Score を求める式

$$F_1 = \cfrac{2}{\cfrac{1}{\text{recall}} + \cfrac{1}{\text{precision}}} = \frac{2 \cdot \text{recall} \cdot \text{precision}}{\text{recall} + \text{precision}} = \frac{2TP}{2TP + FP + FN}$$

　分子にTPのみが含まれていることから、PositiveとNegativeを対象にしていないことに注意です。このため、正解値と予測値のPositiveとNegativeをそれぞれ入れ替えると、スコアが入れ替わります。

　Fβ-Scoreは、F1-Scoreをもとに、「Recallをどのくらい重視するか」を表す係数βで調整した評価指標です。RecallとPrecisionのバランスを係数βで調整するのがポイントです。

●Fβ-Score を求める式

$$F_\beta = \cfrac{(1+\beta^2)}{\cfrac{\beta^2}{\text{recall}} + \cfrac{1}{\text{precision}}} = (1+\beta^2) \cdot \frac{\text{precision} \cdot \text{recall}}{(\beta^2 \cdot \text{precision}) + \text{recall}}$$

22 確率を用いた二値分類で使われる評価指標

二値分類のモデルに用いられるアルゴリズムには、「AかBか」だけでなく、「Aになる確率」、「Bになる確率」を予測値として出力するものがあります。確率が高い方を分類先とするのですが、検証する際は、出力された確率に対して誤差を求めることになります。

●Log Loss

Log Loss（対数損失）は、モデルの出力が0〜1の確率値である二値分類のパフォーマンスを評価するための指標です。

●Log Lossを求める式

$$logloss = -\frac{1}{n}\sum_{i=1}^{n}(y_i \log p_i + (1-y_i)\log(1-P_i))$$

$$= -\frac{1}{n}\sum_{i=1}^{n}\log p'_i$$

> n：データの数
> y_i：Positiveかどうかを表すラベル（Positiveが1、Negativeが0）
> p_i：各レコードがPositiveである予測確率
> p'_i：真の値（正解）を予測している確率
> 　　真の値がPositiveの場合はp_i、Negativeの場合は$1-p_i$

Log Lossは、正解値を予測している確率の対数をとり、符号を反転させた値であり、低い値ほど予測精度が高いことを示します。

Accuracyの場合は0か1を予測し、その結果を確率の高い／低いで評価しますが、予測した確率の乖離（かいり）については考慮されていません。これに対してLog Lossは、「Positiveである確率を低く予測したにもかかわらず、正解がPositiveだった」、あるいは逆に「Positiveである確率を高く予測したにもかかわらず、正解がNegativeだった」というときに、より大きなペナルティが与えられます。

● Log Lossを求めてみよう

scikit-learnライブラリのmetrics.log_loss()関数は、第1引数に正解ラベルの配列、第2引数に[ラベル0の確率, ラベル1の確率]を正解ラベルの並び順に格納した配列を設定すると、Log Lossの値を返してきます。正解ラベルを正しく予測している場合において、確率を高く予測した場合と低く予測した場合の2パターンを試して、Log Lossの値がどうなるかを確認してみることにします。

22-01 Log Loss 値を求める（セル1）

```
from sklearn.metrics import log_loss
log_loss(
    [1, 0],     # 正解ラベル
    [[.1, .9],  # 正解1に対して0が0.1、1が0.9と予測
    [.9, .1]])  # 正解0に対して0が0.9、1が0.1と予測
```

● 出力

```
0.10536051565782628
```

予測の確率値を
高めにしたときの
誤差です。

続いて、予測の確率を若干低くしてLog Loss値を求めてみましょう。

22-02 予測の確率を低くしてLog Loss 値を確認する（セル2）

```
log_loss(
    [1, 0],     # 正解ラベル
    [[.4, .6],  # 正解1に対して0が0.4、1が0.6と予測
    [.6, .4]])  # 正解0に対して0が0.6、1が0.4と予測
```

● 出力

```
0.5108256237659907
```

予測の確率値を低く
したときの方が、誤差の値が
大きくなっています。

　どちらの場合も、正解ラベルを正しく予測できている（分類できている）ことに変わりはありませんが、確率を高くしたときより低くしたときの誤差（Log Loss値）が大きくなっています。このことは、「分類先を間違えていて、なおかつ高い確率の場合の誤差は、低い確率のときよりも大きくなる」ことを意味しています。

23 多クラス分類における評価指標

多クラス分類は、2値を超える分類先（クラス）がある分類問題です。二値分類で使われる評価指標を多クラス分類用に拡張した評価指標が使われています。

●Multi-Class Accuracy

二値分類のAccuracyを多クラス分類用に拡張した評価指標です。予測が正解であるレコードの数をすべてのレコード数で割った値になります。

●Multi-Class Accuracyを求める式

$$\text{Accuracy} = \frac{True}{n} = \frac{正解数}{データの数}$$

●Multi-Class Accuracyを求めてみよう

scikit-learnライブラリのmetrics.accuracy_score()関数で**Multi-Class Accuracy**を求めることができます。0、1、2、3の4クラスの分類において、正解のラベルはクラスのインデックスをそのまま使用し、分類予測とのMulti-Class Accuracyを求めてみます。

23-01 4クラスの分類におけるMulti-Class Accuracyを求める（セル1）

```python
from sklearn.metrics import accuracy_score

true_s = [0, 1, 2, 3] # 正解ラベル

pred_s = [0, 2, 1, 3] # 予測

accuracy_score(true_s, pred_s) # Multi-Class Accuracy
```

●出力

```
0.5
```
正解率は50%

●混同行列を作成する

　多クラス分類における混同行列は、scikit-learnライブラリのmetrics.confusion_matrix()関数で作成することができます。前項で作成した正解ラベルと予測値から混同行列を作成してみることにします。

23-02　多クラス分類における混同行列を作成 (セル2)

```
from sklearn.metrics import confusion_matrix
confusion_matrix(true_s, pred_s,
    labels=[0,1,2,3]) # 正解ラベルの並び順を設定
```

●出力

```
array([[1, 0, 0, 0],
       [0, 0, 1, 0],
       [0, 1, 0, 0],
       [0, 0, 0, 1]], dtype=int64)
```

　出力された混同行列を表にしてみました。

23-03　混同行列に見出しを付けて表にしたところ

		モデルの分類予測			
		0と予測	1と予測	2と予測	3と予測
正解ラベル	0	1件	0件	0件	0件
	1	0件	0件	1件	0件
	2	0件	1件	0件	0件
	3	0件	0件	0件	1件

正解ラベルと予測値が一致するところが正解した件数になる

混同行列にすると、正解と不正解の件数がひと目でわかります。

●多クラス分類のモデルが出力する確率値から正解率を求める

TensorFlowライブラリのKerasパッケージのmetrics.CategoricalAccuracy は、多クラス分類のモデルが出力する確率値から分類先を判定し、正解率を計算します。確率値を出力するモデルでは、あらかじめ正解ラベルをOne-Hotエンコーディングしておくのがポイントです。クラスの数が4で、対象のデータの分類先がクラス0のときのエンコード後の配列は、[1, 0, 0, 0]のように、インデックス0の要素のみを1にします。

なお、metrics.CategoricalAccuracyはクラスなので、最初にインスタンス化してからupdate_state()メソッドで正解率を求めます。update_state()の第1引数に「One-Hotエンコーディング後の正解ラベル(2次元配列)」、第2引数に「モデルが出力する確率を格納した配列(2次元配列)」を設定します。

> **23-04** TensorFlowライブラリのkeras.metrics.CategoricalAccuracyで
> 正解率を求める(セル3)

```python
import tensorflow as tf
true_c = [
    [1, 0, 0, 0],  # データ1(クラス0)
    [0, 1, 0, 0],  # データ2(クラス1)
    [0, 0, 1, 0],  # データ3(クラス2)
    [0, 0, 0, 1]]  # データ4(クラス3)
pred_c = [
    [0.6, 0.1, 0.05, 0.15],   # データ1の予測確率
    [0.05, 0.15, 0.6, 0.1],   # データ2の予測確率
    [0., 0.7, 0.1, 0.2],      # データ3の予測確率
    [0.01, 0.02, 0.03, 0.95]  # データ4の予測確率
    ]
m = tf.keras.metrics.CategoricalAccuracy()
m.update_state(true_c, pred_c)
m.result().numpy()  # 結果をNumPy配列に変換して出力
```

●出力

```
0.5
```
多クラス分類の正解率

●Multi-Class Log Loss

二値分類でのLog Lossを多クラス分類用に拡張した評価指標です。レコードが属するクラスの予測確率の対数をとり、符号を反転させてスコアとします。

●Multi-Class Log Lossを求める式

$$\text{multiclass logloss} = -\frac{1}{n}\sum_{i=1}^{n}\sum_{m=1}^{m} y_{i,m} \log p_{i,m}$$

> n：レコード数
>
> m：クラス数
>
> $y_{i,m}$：i番目のデータがクラスmに属する場合は1、そうでない場合は0
>
> $p_{i,m}$：i番目のデータがクラスmに属する予測確率

データ1件につき、各クラスに対する予測確率の合計は1になる必要があるので、1にならない場合は計算の際に自動的に調整されます。

●Multi-Class Log Lossを求めてみよう

TensorFlowライブラリのkeras.metrics.CategoricalCrossentropyクラスでMulti-Class Log Lossを求めることができます。使い方は前項で紹介したCategoricalAccuracyと同じです。

23-05 Multi-Class Log Lossを求める（セル4）

```
m = tf.keras.metrics.CategoricalCrossentropy()
m.update_state(true_c, pred_c)
m.result().numpy()  # 結果をNumPy配列に変換して出力
```

●出力

```
1.1402633
```
多クラス分類の
Log Loss値

●Mean-F1／Macro-F1／Micro-F1

　二値分類でのF1-Scoreを多クラス分類用に拡張したのが、次に示す**Mean-F1**、**Macro-F1**、**Micro-F1**です。

- **Mean-F1**

　Mean-F1は、レコード単位でF1-Scoreを求め、その平均をとったものです。

- **Macro-F1**

　各クラスごとのF1-Scoreを求め、その平均をとったものです。

- **Micro-F1**

　各レコードの予測値からTP、TN、FP、FNのそれぞれをカウントします。そうして得られた混同行列からF1-Scoreを求めたものがMicro-F1です。

●Mean-F1／Macro-F1／Micro-F1を求めてみよう

　scikit-learnライブラリのmetrics.f1_score()関数は、第3引数のオプションで

・Mean-F1はaverage='samples'
・Macro-F1はaverage='macro'
・Micro-F1はaverage='micro'

をそれぞれ設定することで、各値を求めます。

分類問題では「正解率」でモデルの性能を評価します。

学習を何度か繰り返す場合は、1回の学習ごとに正解率を求め、これをグラフにして学習の進み具合を確かめることがあります。

```python
import numpy as np
from sklearn.metrics import f1_score
# 正解ラベルをOne-Hotエンコーディング
y_true = [
    [1, 0, 0, 0], # データ1（クラス0）
    [0, 1, 0, 0], # データ2（クラス1）
    [0, 0, 1, 0], # データ3（クラス2）
    [0, 0, 0, 1]] # データ4（クラス3）

# 予測値をOne-Hotエンコーディング
y_pred = [
    [1, 0, 0, 0], # データ1（予測：クラス0）
    [1, 0, 0, 0], # データ2（予測：クラス0）
    [1, 0, 0, 0], # データ3（予測：クラス0）
    [0, 0, 1, 0]] # データ4（予測：クラス2）
print('Mean-F1 :', f1_score(y_true, y_pred, average='samples'))
print('Macro-F1:', f1_score(y_true, y_pred, average='macro'))
print('Micro-F1:', f1_score(y_true, y_pred, average='micro'))
```

●出力

```
Mean-F1 : 0.25
Macro-F1: 0.125
Micro-F1: 0.25
```

画像認識

　画像の機械学習によって、「それが何の画像なのか」を言い当てる**画像認識**には、大きく分けて「分類」と「検出」の2つの分野があります。

●**分類**

　画像の中の物体を、あらかじめ、用意されたカテゴリに分類します。画像内の物体を分類する**物体分類**と、画像全体を見てそれが何（の景色）であるかを分類する**シーン認識**があります。

●画像分類の種類

物体分類	画像内に存在する物体が何であるかを識別し、分類先のカテゴリ（ネコ、イヌ、自動車、飛行機など）に分類します。
シーン認識	画像全体を見て、それが何の画像であるかを識別し、分類先のカテゴリ（公園、遊園地、街など）に分類します。

●**検出**

　画像の中の物体を検出します。四角い枠などを用いて物体を検出する**物体検出**と、物体の領域そのものを検出する**領域検出**（**セグメンテーション**）があります。物体検出も領域検出も、検出後に、その物体が何であるかを示す物体分類と組み合わせることが多いです。

●画像検出の種類

物体検出	画像内に存在する物体の位置を、四角い枠などを用いて特定します。
領域検出 （セグメンテーション）	画像内の物体の領域を検出します。検出結果として、物体を塗りつぶすなどの方法で、その領域を示します。

03

回帰モデルによる予測

この章では、線形回帰による予測と、線形回帰に確率的勾配降下法を組み合わせた予測について見ていきます。

後半では、多項式を用いた回帰について紹介します。

24 線形回帰モデルによる予測

線形回帰は予測問題に用いられるアルゴリズムで、データが本来とり得る（回帰する）値（正解値）を、回帰式を用いて予測します。この回帰式を求めることが線形回帰の目的ですが、その手段として正規方程式を用いて解析的に求める方法と、勾配降下法を用いて近似解を求める方法が使われます。ここでは、正規方程式を用いる方法について見ていきます。

●線形回帰モデルの式

線形回帰における**線形**は、入力データの加重総和（入力データに係数を掛けてその総和を求めたもの）のことを意味しており、これに**バイアス項**（**切片項**）と呼ばれる定数を加えたものが線形回帰モデルの式になります。

● 線形回帰の予測式

$$\hat{y} = \theta_0 + \theta_1 x_1 + \theta_2 x_2 + \cdots + \theta_n x_n$$

● 説明

$\hat{y}$	モデルの予測値。
x_n	説明変数。nは説明変数の数を示す。
θ_0	バイアス項。
$\theta_1 \sim \theta_n$	説明変数のデータに適用（乗算）する係数。パラメーターまたは重みと呼ばれる。

線形回帰モデルの式のn個のパラメーター$\theta_1 \sim \theta_n$と、n個の説明変数$x_1 \sim x_n$をそれぞれベクトル$\boldsymbol{\theta}$、$\boldsymbol{x}$と見なして書き直すと、次のように簡単に表せます。

24-01 線形回帰モデルの式をベクトル形式で表記

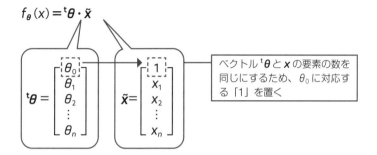

$$f_\theta(x) = {}^t\boldsymbol{\theta} \cdot \tilde{x}$$

$${}^t\boldsymbol{\theta} = \begin{bmatrix} \theta_0 \\ \theta_1 \\ \theta_2 \\ \vdots \\ \theta_n \end{bmatrix} \quad \tilde{x} = \begin{bmatrix} 1 \\ x_1 \\ x_2 \\ \vdots \\ x_n \end{bmatrix}$$

ベクトル${}^t\boldsymbol{\theta}$とxの要素の数を同じにするため、θ_0に対応する「1」を置く

　ベクトルを表すときは、$\boldsymbol{\theta}$、xのように太字にします。$f_\theta(x)$は、パラメーター$\boldsymbol{\theta}$を持っていて、なおかつxについての関数であることを示しています。予測値$\hat{y}$を出力する関数なので、モデルの式としてこのような書き方になっています。$\boldsymbol{\theta}$については

$$[\theta_0, \theta_1, \theta_2, \cdots, \theta_n]$$

の行ベクトルの形状だとxと掛け算（ドット積*）ができないので、$\boldsymbol{\theta}$を「転置」（行と列を入れ替えること）して列ベクトルにする必要があります。そこで先の式では、$\boldsymbol{\theta}$に添え字のtを付けて${}^t\boldsymbol{\theta}$*とし、「$\boldsymbol{\theta}$を転置して行ベクトルにする」ことを示しています。

　$\tilde{x}$について説明しましょう。$\tilde{x}$は元のデータxの先頭要素に1を追加したものです。xはm件のデータを格納した列ベクトルですが、話を簡単にするために説明変数の数を1つにしています。当然、説明変数の数は増えることが予想されるので、xの要素もベクトルになります。つまり、データの件数をm、説明変数の数をn次元とした（m行, n列）の行列になります。

＊**ドット積**　「内積」と呼ばれることもあります。
＊${}^t\boldsymbol{\theta}$　ベクトルや行列 (xとします) の転置はx^tや$x^\top$のように表すことが多いが、本書では添え字を多用するため、右上ではなく${}^tx$のように左上に表記する。

● 表形式のデータ (テーブルデータ)：m件のデータに説明変数が$1 \sim n$

データ	説明変数1	説明変数2	$\cdots$	説明変数i	説明変数n
データ1	$X_{(1)1}$	$X_{(1)2}$	$\cdots$	$X_{(1)i}$	$X_{(1)n}$
データ2	$X_{(2)1}$	$X_{(2)2}$	$\cdots$	$X_{(2)i}$	$X_{(2)n}$
$\vdots$	$\vdots$	$\vdots$	$\cdots$	$\vdots$	$\vdots$
データm	$X_{(m)1}$	$X_{(m)2}$	$\cdots$	$X_{(m)i}$	$X_{(m)n}$

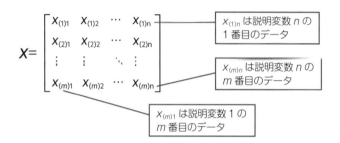

24-02 m件のデータに説明変数が$1 \sim n$のときの(m行, n列)の行列X

$$X = \begin{bmatrix} X_{(1)1} & X_{(1)2} & \cdots & X_{(1)n} \\ X_{(2)1} & X_{(2)2} & \cdots & X_{(2)n} \\ \vdots & \vdots & \ddots & \vdots \\ X_{(m)1} & X_{(m)2} & \cdots & X_{(m)n} \end{bmatrix}$$

$X_{(1)n}$ は説明変数nの
1番目のデータ

$X_{(m)n}$ は説明変数nの
m番目のデータ

$X_{(m)1}$ は説明変数1の
m番目のデータ

　Xの1列目に、ベクトル$^t\theta$のθ_0に対応する「1」を追加すると、次のようになります。これを$\tilde{X}$とします。

● Xにθ_0に対応する「1」を置く

$$\tilde{X} = \begin{bmatrix} 1 & X_{(1)1} & X_{(1)2} & \cdots & X_{(1)d} \\ 1 & X_{(2)1} & X_{(2)2} & \cdots & X_{(2)d} \\ 1 & \vdots & \vdots & \ddots & \vdots \\ 1 & X_{(m)1} & X_{(m)2} & \cdots & X_{(m)d} \end{bmatrix}$$

　そうすると線形回帰モデルの式は次のように表されます。

● 線形回帰モデルの式を行列形式で表記

$$f_\theta (X) = {}^t\theta \cdot \tilde{X}$$

●解析解を求める正規方程式

　損失関数を最小にするパラメーター θ について、次の**正規方程式**で解析解を求めることができます。**解析解**とは、方程式を解くことで理論的に導き出される解のことです。

24-03　損失関数を最小にする θ の解析解を求める正規方程式

$$\hat{\theta} = ({}^t\tilde{X} \cdot \tilde{X})^{-1}\,{}^t\tilde{X}y$$

説明変数の行列 $\tilde{X}$ を
転置した行列

正解値を格納した
ベクトル

$({}^t\tilde{X} \cdot \tilde{X})^{-1}$ の右上の添え字「−1」は、逆行列であることを示します。

Hint　逆行列とは

　逆行列とは、ある正方行列（行数と列数が同じ行列のこと）A と X の積が同じ大きさの単位行列（対角成分が1でそれ以外が0の行列）となるときの、正方行列 X のことです。

▼（4行, 4列）の単位行列の例

$$単位行列 = \begin{bmatrix} 1 & 0 & 0 & 0 \\ 0 & 1 & 0 & 0 \\ 0 & 0 & 1 & 0 \\ 0 & 0 & 0 & 1 \end{bmatrix}$$

対角要素（成分）がすべて1で、
それ以外はすべて0である

●逆行列

　A と X を正方行列とし、I を同じ大きさの単位行列とします。このとき、

$$AX = XA = I$$

という式が成り立つとき、X を行列 A の逆行列と呼びます。

●正規方程式で解析解を求めてみよう

　人工的に説明変数Xのデータを作成し、$y=2+4X$の式で正解値を作ります。ただ、このままだとyの値が線形になるので、ランダムにノイズ（0.0〜1.0未満の小さな値）を加えます。

24-04 説明変数Xのデータと正解値yを作成 (regression.ipynb) (セル1)

```python
import numpy as np
import matplotlib.pyplot as plt

# (100行, 1列) の行列に0.0~1.0未満の一様分布に従う乱数を生成
X = np.random.rand(100, 1)
 # y = 2 + 4Xの回帰式で正解値yを作る
 y = 2 + 4 * X + np.random.randn(100, 1)
plt.plot(X, y,'bo') # xとyが交差する点を描画
plt.xlabel("X")
plt.ylabel("y", rotation=0)
plt.axis([0, 1, 0, 10]) # グラフエリアのスケールを指定
plt.show()
```

0.0〜1.0未満の乱数で
ノイズを加える

●出力

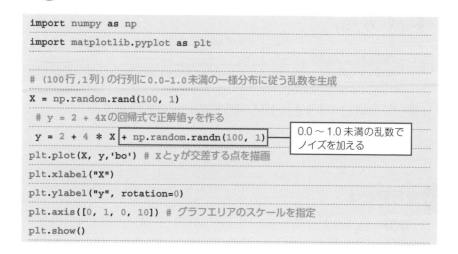
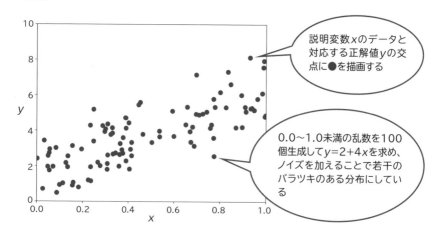

説明変数xのデータと
対応する正解値yの交
点に●を描画する

0.0〜1.0未満の乱数を100
個生成して$y=2+4x$を求め、
ノイズを加えることで若干の
バラツキのある分布にしてい
る

作成した X に、θ_0 に対応する「1」を置いて $\tilde{X}$ を作り、正規方程式で θ_0 と θ_1 の値を求めてみましょう。NumPy ライブラリの linalg.inv() は、引数に指定した行列の逆行列を戻り値として返すので、これを使って $({}^t\tilde{X} \cdot \tilde{X})^{-1}$ を求めます。

24-05 正規方程式で θ_0 と θ_1 の値を求める（セル2）

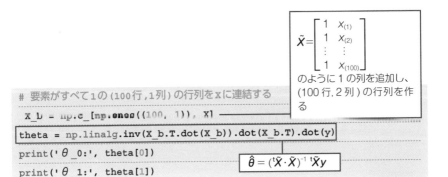

$$\tilde{X}=\begin{bmatrix} 1 & x_{(1)} \\ 1 & x_{(2)} \\ \vdots & \vdots \\ 1 & x_{(100)} \end{bmatrix}$$

のように1の列を追加し、
(100行,2列) の行列を作る

```
# 要素がすべて1の（100行,1列）の行列をxに連結する
X_b = np.c_[np.ones((100, 1)), x]
theta = np.linalg.inv(X_b.T.dot(X_b)).dot(X_b.T).dot(y)
print('θ_0:', theta[0])
print('θ_1:', theta[1])
```

$$\hat{\theta} = ({}^t\tilde{X} \cdot \tilde{X})^{-1} \, {}^t\tilde{X}y$$

●出力

θ_0: [1.98605759]

θ_1: [4.12077994]

正規方程式で解析解が求められました。

θ_0 と θ_1 の値が求められたので、検証用のデータを用意し、線形回帰モデルの式で予測してみます。

24-06 検証用のデータで予測する（セル3）

```
X_val = np.array([[0], [0.5], [1.0]])   # 検証用の（3行,1列）の行列を作る
X_val_b = np.c_[np.ones((3, 1)), X_val] # 要素1の（3行,1列）の行列を連結
y_predict = X_val_b.dot(theta)          # 線形回帰モデルで予測する
y_predict
```

$$f_\theta(\tilde{X}) = {}^t\theta \cdot \tilde{X}$$

●出力

array([[1.98605759],

[4.04644755],

[6.10683752]])

予測値は回帰モデルの式の $f_\theta(\tilde{X}) = {}^t\boldsymbol{\theta} \cdot \tilde{X}$ で得られたものなので、これを結ぶ直線が「回帰直線」になります。説明変数Xのデータと正解値yの交点に●を描画したグラフ上に、予測値を結ぶ直線を描画してみます。

24-07 回帰直線を描画する（セル4）

```
plt.plot(X_val, y_predict, 'r-') # 予測値を赤色の直線で描画
plt.plot(X, y, 'bo')             # xとyが交差する点を描画
plt.xlabel('X')
plt.ylabel('y', rotation=0)
plt.axis([0, 1, 0, 10]) # グラフエリアのスケールを指定
plt.show()
```

●出力

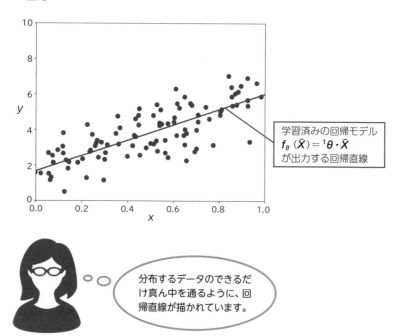

学習済みの回帰モデル
$f_\theta(\tilde{X}) = {}^t\boldsymbol{\theta} \cdot \tilde{X}$
が出力する回帰直線

分布するデータのできるだけ真ん中を通るように、回帰直線が描かれています。

25 バッチ勾配降下法

学習を繰り返すことによって損失関数を最小にする、**勾配降下法**について紹介します。学習を繰り返すところがポイントで、「パラメーターの値を変化させながら何度も計算を繰り返し、最適なパラメーター値を見つける」という機械学習ならではのアルゴリズムです。

●勾配降下法

勾配降下法では、予測値と正解値の誤差を**損失関数**で測定し、誤差を最小にするように、パラメーターの値を繰り返し更新します。損失関数には**平均二乗誤差（MSE）**が使われます。

さて、名称にある勾配降下という言葉は、「最小値を見つけるために下り坂を進む」ことを示唆しています。説明を簡単にするために、2次関数 $g(x)=(x-1)^2$ を損失関数として考えてみましょう。グラフからわかるように関数の最小値は $x=1$ のときで、この場合 $g(x)=0$ です。

25-01 2次関数 $g(x)=(x-1)^2$ のグラフ

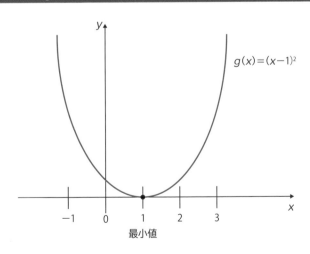

$g(x)=(x-1)^2$

最小値

勾配降下法を行うためには初期値が必要です。そこで、点の位置を適当に決めて、少しずつ動かして最小値に近づけることを考えてみましょう。まずは、グラフの2次関数$g(x)=(x-1)^2$を微分します。$g(x)$を展開すると

$$(x-1)^2 = x^2 - 2x + 1$$

なので、次のように微分できます。

$$\frac{d}{dx}g(x) = 2x - 2$$

　これで傾きが正なら左に、傾きが負なら右に移動すると、最小値に近づきます。$x=-1$からスタートした場合は負の傾きです。$g(x)$の値を小さくするには下方向に移動すればよいので、xを右に移動する、つまりxを大きくします。

25-02　勾配$\frac{d}{dx}g(x)$の符号がマイナスの場合

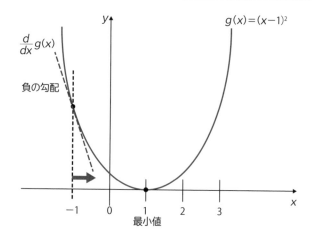

　点の位置を反対側の$x=3$に変えてみましょう。今度は、点の位置の傾きが正なので、$g(x)$の値を小さくするには、xを左に移動する、つまりxを小さくします。

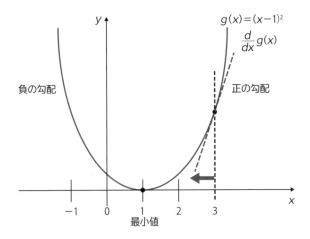

勾配 $\frac{d}{dx}g(x)$ の符号がプラスの場合

このようにしてxの値を減らすことを繰り返し、最小値に達したと思えるくらいになるまで、同じように続けます。

●学習率の設定

しかし、このやり方には改善すべき問題点があります。それは、「最小値を飛び越えないようにする」ことです。xを移動したことにより最小値を飛び越えてしまった場合、最小値をまたいで行ったり来たりすることが永久に続いたり、あるいは最小値から離れていく、つまり発散した状態になります。

そこで、xの値を「少しずつ更新する」ことを考えます。

Point 学習率

学習率とは、最適化を行うアルゴリズムにおいて、最適化のスピードを調整するパラメーターのことです。「0.5」や「0.001」などの小数が用いられます。

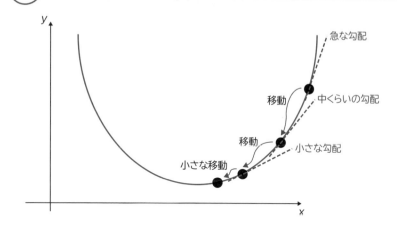

このように、導関数 $\dfrac{d}{dx}\,g(x)$ の符号と逆の方向に点の位置を「少しずつ移動」して

いけば、だんだんと最小値に近づいていきます。ここで、その移動するときの係数を $\eta > 0$ とすると、次のように記述できます。

$$x_{i+1} = x_i - \eta\,\dfrac{d}{dx}\,g\,(x_i)$$

これは、「新しい x を、1つ前の x を使って定義している」ことを示しているので、$A := B$（A を B によって定義する）という書き方を使って次のように表せます。

● 勾配降下法による更新式

$$x := x - \eta\,\dfrac{d}{dx}\,g\,(x)$$

$dg(x)/dx$ は、$g(x)$ の x についての微分、すなわち「x に対する $g(x)$ の変化の度合い（ある瞬間の変化の量）」を表します。この式で表される微分は、「x の小さな変化によって関数 $g(x)$ の値がどのくらい変化するか」ということを意味します。勾配降下法では、微分によって得られた式（導関数）の符号とは逆の方向に x を動かすことで、最小値（$g(x)$ を最小にする方向）へ向かわせるようにします。それが上記の式です。$:=$ の記号は、左辺の x を右辺の式で更新することを示します。

この式のポイントは**η（イータ）**であり、これは**学習率**と呼ばれる正の定数です。0.1や0.01などの適当な小さめの値を使うことが多いのですが、当然のこととして、学習率の大小によって、最小値に達するまでの移動（更新）回数が変わってきます。

このことを「収束の速さが変わる」といいますが、いずれにしても、この方法なら最小値に近づくほど傾きが小さくなることが期待できるので、最小値を飛び越してしまう心配も少なくなります。この操作を続けて、最終的に点があまり動かなくなったら、「収束した」として、その点を最小値とすることができます。

●バッチ勾配降下法の更新式

勾配降下法による更新式を使って、損失関数MSE(θ)を最小にすることを考えましょう。MSE(θ)のθは複数のパラメーターを持つベクトルなので、多変数関数の微分（偏微分）で勾配を求めることになります。このことを前提にすると、勾配降下法における損失関数MSE(θ)は、次のようになります。

25-05 勾配降下法における損失関数MSE(θ)

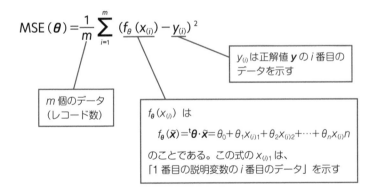

$$MSE(\theta) = \frac{1}{m} \sum_{i=1}^{m} (f_\theta(x_{(i)}) - y_{(i)})^2$$

$y_{(i)}$は正解値 **y** の i 番目のデータを示す

m 個のデータ（レコード数）

$f_\theta(x_{(i)})$ は

$f_\theta(\tilde{x}) = {}^t\theta \cdot \tilde{x} = \theta_0 + \theta_1 x_{(i)1} + \theta_2 x_{(i)2} + \cdots + \theta_n x_{(i)n}$

のことである。この式の $x_{(i)1}$ は、「1 番目の説明変数の i 番目のデータ」を示す

MSE(θ)の勾配については、θの要素ごとに計算する必要があります。θの j 番目の要素をθ_jとし、損失関数MSE(θ)をθ_jで偏微分した結果は次の通りです。

● パラメーター θ_j の勾配を求める式

$$\frac{\partial}{\partial \theta_j} MSE(\theta) = \frac{2}{m} \sum_{i=1}^{m} (f_\theta(x_{(i)}) - y_{(i)}) x_{(i)j}$$

$x_{(i)j}$ は、
「θ_j に対応する説明変数 x_j の(i)番目のデータ」を示す

　上記の式ではパラメーター θ_j の勾配を個別に計算する必要がありますが、次のようにすべての θ_j の勾配をベクトルにまとめると、1回の計算で済ませることができます。このときの勾配ベクトルは、ベクトル微分演算を示す演算子 **∇**（「**ナブラ**」と読みます）を使って $\nabla_\theta MSE(\theta)$ のように表します。

● パラメーター θ の勾配ベクトル

$$\nabla_\theta MSE(\theta) = \begin{pmatrix} \dfrac{\partial}{\partial \theta_0} MSE(\theta) \\ \dfrac{\partial}{\partial \theta_1} MSE(\theta) \\ \vdots \\ \dfrac{\partial}{\partial \theta_n} MSE(\theta) \end{pmatrix} = \frac{2}{m} {}^t\tilde{X}(\tilde{X}\theta - y)$$

　$\tilde{X}$ はデータの行列 X の1列目に、θ_0 に対応する「1」を追加したものですが、元のデータ行列 X には、すべての学習データが含まれていることに注目です。1回の学習ごとに、すべての学習データをバッチ（ひとまとまりのデータ）として使うことから、**バッチ勾配降下法**と呼ばれます。勾配降下法の更新式：

$$x := x - \eta \frac{d}{dx} g(x)$$

に代入すると次のようになります。

● バッチ勾配降下法におけるパラメーターの更新式

$$\theta := \theta - \eta \nabla_\theta MSE(\theta)$$

これは、

$$\theta := \theta - \eta \frac{2}{m}\, {}^t\tilde{X}\, (\tilde{X}\, \theta - y)$$

ということです。

●バッチ勾配降下法を実装してみよう

バッチ勾配降下法は、scikit-learn ライブラリの linear_model.SGDRegressor クラスで実装できますが、ここではソースコードを記述して実装してみることにします。学習率を 0.1、学習回数をやや多めの 1,000 回にして、正規方程式のときと同じデータで試してみます。

25-06 バッチ勾配降下法で学習する (regression.ipynb)（セル5）

```
lr = 0.1      # 学習率
epoch = 1000 # 学習回数
m = X_b.shape[0] # データの数
# (2行,1列) の行列に標準正規分布に従う乱数でθを2個生成
theta = np.random.randn(2,1)
# epochの数だけ繰り返す
for iteration in range(epoch):
    gradients = 2/m * X_b.T.dot(X_b.dot(theta) - y)
    theta = theta - lr * gradients
# 学習後のθを出力
print('θ_0:', theta[0])
print('θ_1:', theta[1])
```

パラメーター θ の勾配ベクトルを
$\dfrac{2}{m}\, {}^t\tilde{X}(\tilde{X}\, \theta - y)$
の計算で求める

$\theta := \theta - \eta \nabla_\theta \mathrm{MSE}(\theta)$
の計算を行う

●出力

θ_0 : [1.98606344]

θ_1 : [4.12076753]

1,000 回の学習を行った結果、θ_0、θ_1 共に、正規方程式で求めたものとほぼ同じ値になっています。

26 — 確率的勾配降下法

バッチ勾配降下法は、勾配計算を行うたびにすべての学習データを使うため、データの規模が大きすぎると計算速度が極端に遅くなることがあります。これを回避するために考案されたのが、本単元で紹介する**確率的勾配降下法**です。

●確率的勾配降下法

確率的勾配降下法の注目すべきポイントは、「データをミニバッチと呼ばれる単位に分割してすべてのミニバッチの処理が終わった時点で1回の学習とする」ことです。バッチ勾配降下法では、すべての学習データを用いて平均二乗誤差の勾配を計算するため、あらかじめ全データをメモリに読み込まなければなりません。また、巨大化した行列の計算速度は極端に遅くなります。

これに対し、確率的勾配降下法では、学習ステップごとに学習データから無作為に1つのデータ (レコード) を選び出し、そのデータだけを使って勾配を計算します。1回の学習ごとに操作するデータがごくわずかなので、バッチ勾配降下法よりかなり高速です。もちろん、学習データをまんべんなく使って学習するには、データの数に応じてミニバッチの数が増えるのでステップ数が多くなるとはいえ、1ステップあたりの計算速度ははるかに高速ですし、メモリが圧迫される心配もありません。

26-01 確率的勾配降下法におけるパラメーターの更新式

$$\boldsymbol{\theta} := \eta \left[2 \cdot \left({}^{t}\mathbf{x}_{(i)}(\mathbf{x}_{(i)}\boldsymbol{\theta} - \mathbf{y}_{(i)}) \right) \right]$$

> バッチ勾配降下法の
> $$\frac{2}{m} {}^{t}\bar{\mathbf{X}}(\bar{\mathbf{X}}\boldsymbol{\theta} - \mathbf{y})$$
> の式が、データの数が1つになったことで m がなくなると共に、
> $$2 \cdot \left({}^{t}\mathbf{x}_{(i)}(\mathbf{x}_{(i)}\boldsymbol{\theta} - y_{(i)}) \right)$$
> のように変わった

> $x_{(i)}$は行列 $\bar{\boldsymbol{X}}$ から取り出した i 番目の行ベクトルを示している

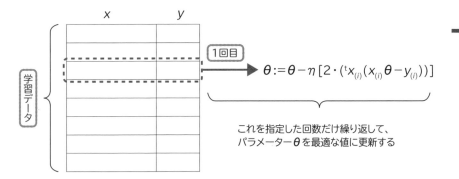

$$\theta := \theta - \eta \left[2 \cdot ({}^t x_{(i)} (x_{(i)} \theta - y_{(i)})) \right]$$

これを指定した回数だけ繰り返して、
パラメーター θ を最適な値に更新する

●局所解からの脱出が期待できる

　確率的勾配降下法のもう1つのメリットとして、局所解に捕まりにくいことが挙げられます。バッチ勾配降下法とは違って確率的な性質（**ランダムサンプリング** *）があるため、損失関数を最小にするまでの動きがかなり不規則です。「パラメーターを更新しつつ、損失関数が最小値に向かって緩やかに小さくなる」のではなく、「上下に動きながら小さくなっていく」のです。そのことは、最小値付近に到達したあとも同様であり、同じ場所にとどまることなく、上下に跳ね回るように動きます。

　学習を終えたときのパラメーター値が最適ではない（損失関数の最小値に達していない）ことも考えられますが、その一方で、局所的な最小値（局所解といいます）に到達したとしてもそこから脱出できる可能性があります。

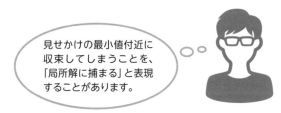

見せかけの最小値付近に
収束してしまうことを、
「局所解に捕まる」と表現
することがあります。

*ランダムサンプリング　データ全体からランダムに任意の数のデータを抽出すること。

●確率的勾配降下法を実装してみよう

確率的勾配降下法を実装した線形回帰モデルで、学習を行ってみることにします。

26-03 確率的勾配降下法のイメージ

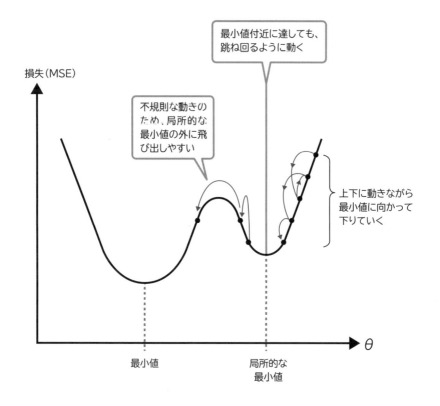

では、これまでに使用しているNotebookの6番目のセルに確率的勾配降下法の
コードを入力して実行し、結果を見てみましょう。

```
lr = 0.01      # 学習率

epochs = 500 # 学習回数

m = X_b.shape[0] # データの数
# (2行,1列)の行列に標準正規分布に従う乱数でθを2個生成

theta = np.random.randn(2, 1)


# epochの数だけ繰り返す

for epoch in range(epochs):

    for iteration in range(m):

        index = np.random.randint(m) # 0〜m未満の整数を生成

        x_i = X_b[index:index+1] # X_bから2次元配列の状態でスライス

        y_i = y[index:index+1]    # yから2次元配列の状態でスライス

        gradients = 2 * x_i.T.dot(x_i.dot(theta) - y_i)

        theta = theta - lr * gradients

# 学習後のθを出力

print('θ_0:', theta[0])

print('θ_1:', theta[1])
```

$\begin{bmatrix} [\ ] \\ \vdots \\ [\ ] \end{bmatrix}$ の行列(2次元配列)から

index行のデータを[[ ]]のように
2次元配列の状態で取り出す

$\boldsymbol{\theta} := \boldsymbol{\theta} - \eta \nabla_{\boldsymbol{\theta}} \mathrm{MSE}(\boldsymbol{\theta})$
の計算を行います。

パラメーターθの勾配
ベクトルを
$2 \cdot ({}^t\boldsymbol{x}_{(i)}\,(\boldsymbol{x}_{(i)}\boldsymbol{\theta} - y_{(i)}))$
の計算で求める

●出力(プログラムを実行するたびに結果は若干変化する)

θ_0 : [1.97204332]

θ_1 : [4.08385287]

1回の学習(1エポック)につき、データの抽出とパラメーターの更新処理を、データ数と同じm回だけ行います。1エポックあたり100ステップ(イテレーション)です。学習回数は500とし、確率的勾配降下法の挙動を考慮して、学習率はバッチ勾配降下法のときの10分の1(0.01)にしています。

27 確率的勾配降下法による 住宅価格の予測

02章で紹介したデータセット「The California housing dataset」を利用して、確率的勾配降下法による住宅価格の予測を行ってみましょう。

●データセットの前処理

「The California housing dataset」（「California Housing」とも表記）は、米国カリフォルニア州の延べ20,640地区における8項目のデータと、地区ごとの住宅価格の中央値（10万ドル単位）のデータで構成されています。

●California Housing の8項目のデータ（説明変数）

カラム（列）名	内訳
MedInc	地区における、世帯ごとの所得の中央値。単位は1万ドル。
HouseAge	地区における、住宅の築年数の中央値。単位は年。
AveRooms	地区における、平均の部屋数。
AveBedrms	地区における、平均の寝室数。
Population	地区の人口（地区ごとの人口は3〜35,682人）。
AveOccup	地区における、世帯人数の平均。
Latitude	地区の地図上における中心点の緯度。
Longitude	地区の地図上における中心点の経度。

●California Housing の目的変数

カラム（列）名	内訳
MedHouseVal	地区の住宅価格の中央値。単位は10万ドル。

AveRooms（平均部屋数）、AveBedrms（平均ベッドルーム数）、Population（地区の人口）、AveOccup（平均世帯人数）については分布の偏りが強く、このままではうまく学習することができません。対数変換をして、分布の偏りをできるだけなくすように調整します。

27-01 California Housingのデータをヒストグラムにしたところ

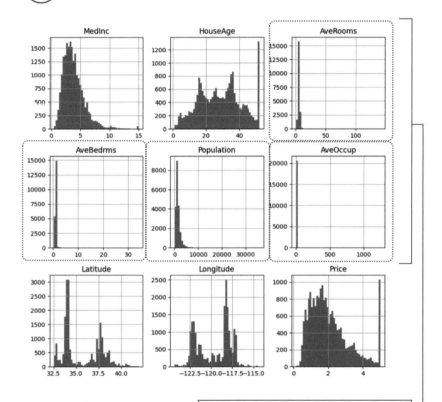

これらの4つの説明変数について対数変換をして、裾の長い山形の分布に近づける

```python
import pandas as pd
```

```python
import numpy as np
```

```python
from sklearn.datasets import fetch_california_housing
```

```python
from sklearn.model_selection import train_test_split
```

```python
from sklearn.preprocessing import StandardScaler
```

データセットをダウンロードして dict オブジェクトに格納する

```python
housing = fetch_california_housing()
```

```python
df_housing = pd.DataFrame(
    housing.data, columns=housing.feature_names)
```

· dict オブジェクトの data キーで 8 項目のデータを抽出
· dict オブジェクトの feature_names キーで列名を抽出
➡ Pandas の データフレームに読み込む

```python
X = df_housing.values
```

データフレームから説明変数のデータを抽出し、2 次元配列に格納する

```python
y = housing.target
```

dict オブジェクト housing から target キーで目的変数のデータを抽出し、1 次元配列に格納する

```python
X_train, X_test, y_train, y_test = train_test_split(
    X, y, test_size=0.2, random_state=0)
```

学習用と検証用に 8:2 の割合で分割する

```python
"""対数変換
"""
```

```python
# 'AveRooms''AveBedrms''Population''AveOccup' の列インデックスを取得
```

```python
room_index = (df_housing.columns.get_loc('AveRooms'))
```

```python
bed_index = (df_housing.columns.get_loc('AveBedrms'))
```

```python
pop_index = (df_housing.columns.get_loc('Population'))
```

```python
occ_index = (df_housing.columns.get_loc('AveOccup'))
```

```python
# 学習データの 'AveRooms''AveBedrms''Population''AveOccup'のデータを対数変換
```

```
X_train[:, room_index] = np.log10(X_train[:, room_index])
X_train[:, bed_index] = np.log10(X_train[:, bed_index])
X_train[:, pop_index] = np.log10(X_train[:, pop_index])
X_train[:, occ_index] = np.log10(X_train[:, occ_index])
```

底を10とするxの対数（常用対数）を求める

```
# 検証データの'AveRooms''AveBedrms''Population''AveOccup'のデータを対数変換
X_test[:, room_index] = np.log10(X_test[:, room_index])
X_test[:, bed_index] = np.log10(X_test[:, bed_index])
X_test[:, pop_index] = np.log10(X_test[:, pop_index])
X_test[:, occ_index] = np.log10(X_test[:, occ_index])
```

底を10とするxの対数（常用対数）を求める

```
"""標準化
"""
scaler = StandardScaler() # 標準化を行うStandardScalerを生成
X_train_std = scaler.fit_transform(X_train) # 学習データを標準化
X_test_std = scaler.transform(X_test) # 学習用の情報で検証データを標準化
```

学習データの標準化に使用したStandardScaler
を使用して、検証データを標準化する

●確率的勾配降下法で住宅価格を予測する

　データの前処理が済んだら、確率的勾配降下法を用いたモデルを作成し、学習を
行ってみましょう。scikit-learnライブラリのlinear_model.SGDRegressorは、確率
的勾配降下法を実装した線形回帰モデルを生成します。学習回数の上限をmax_iter
オプションで設定しておくと、1エポック終了後の損失（MSE）が0.001未満になる
か、max_iterで指定した回数に達するまで学習が行われます。モデルを生成したあ
と、モデルオブジェクトに対してfit( )メソッドを実行すると、学習が開始されます。

```python
from sklearn.linear_model import SGDRegressor
from sklearn.metrics import mean_squared_error
import numpy as np


# 上限100回の学習を行う確率的勾配降下法のモデルを作成
model = SGDRegressor(max_iter=100, random_state=1)
# 学習の実行
model.fit(X_train_std, y_train)


# 訓練データを学習済みモデルに入力して予測値を取得
y_train_pred = model.predict(X_train_std)
# テストデータを学習済みモデルに入力して予測値を取得
y_test_pred = model.predict(X_test_std)
# mean_squared_error()でMSEを求め、平方根を取ってRMSEを求める
print('RMSE(train) : %.4f' % (
    np.sqrt(mean_squared_error(y_train, y_train_pred))))
print('RMSE(test) : %.4f' % (
    np.sqrt(mean_squared_error(y_test, y_test_pred))))
```

学習回数の上限を100に設定

乱数生成の種を1に固定して、プログラムを実行する度に同じ値でパラメーターが初期化されるようにする

●出力

RMSE(train) : 0.6706
RMSE(test) : 0.6750

　学習後のモデルで予測を行った結果、学習データのRMSEは約6万7千ドル、検証データのRMSEも約6万7000ドルとなりました。住宅価格は10万ドル単位で、MSEの平方根を取ったRMSEで計算しています。

Column L2正則化について

scikit-learnライブラリのlinear_model.SGDRegressorでは、デフォルトで「L2正則化」の処理が行われます。L2正則化を用いた回帰を、別名で**Ridge（リッジ）回帰**と呼びます。

学習用のデータにはよくフィットして誤差が小さくても、テストデータで予測を行うと大きな誤差が出ることがあります。このように、モデルが学習用データに過度にフィットすることを、**過剰適合（オーバーフィッティング）**または**過学習**と呼びます。

L2正則化は**荷重減衰**（Weight decay）という手法を用いて、学習の過程においてパラメーター（回帰係数）の値が大きくなりすぎたらペナルティを課します。

そもそもオーバーフィッティングは、パラメーターが大きな値をとることによって発生する場合が多いため、値が大きくなりすぎた係数に対して正則化項を用いてペナルティを与えます。

●L2正則化項（L2ノルム）

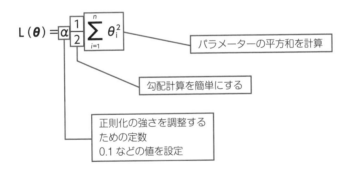

$$L(\boldsymbol{\theta}) = \alpha \frac{1}{2} \sum_{i=1}^{n} \theta_i^2$$

パラメーターの平方和を計算

勾配計算を簡単にする

正則化の強さを調整するための定数
0.1などの値を設定

α（アルファ）は、正則化の影響を決める正の定数で、**ハイパーパラメーター**と呼ばれることがあります。1/2が付いているのは、勾配計算を簡単にするためで、特に深い意味はありません。θ_i^2は、n個のパラメーターです。

モデルがオーバーフィッティングを起こすと、パラメーター（係数）θの絶対値が大きくなる傾向があります。平均二乗誤差の損失関数の値を下げるために、θの絶対値を大きくするからです。

L2正則化項はパラメーターθの2乗にαを適用した値を持つので、θそのものの値が大きくなるのを抑制する効果が期待できます。この抑制の強さをコントロールするのがハイパーパラメーターαの役目であり、αが大きいほど正則化が強くなります。

注意したいのが、L2正則化項の$\theta_i{}^2$、（$\theta_1{}^2 + \cdots + \theta_n{}^2$）はインデックス$n=1$から開始しなければならないことです。定数項$\theta_0$は含めません。**定数項（バイアス）**は、定数として1を前提としているので、正則化の対象にはならないためです。

●Ridge回帰の損失関数

L2正則化項を用いたRidge回帰の損失関数$J(\theta)$は、次のようになります。

$$J(\theta) = \boxed{MSE(\theta)} + \alpha \frac{1}{2} \sum_{i=1}^{n} \theta_i{}^2$$

$$MSE(\theta) = \frac{1}{m} \sum_{i=1}^{m} (f_\theta(x_{(i)}) - y_{(i)})^2$$

正則化項$L(\theta)$をパラメーターθ_jで偏微分すると

$$\frac{\partial L(\theta)}{\partial \theta_j} = \alpha \theta_j$$

となり、正則化項に付いていた1/2がなくなります。これに従ってパラメーターの更新式は、次のようになります。

●Ridge回帰におけるパラメーターの更新式

$$\theta := \theta - \eta \, \nabla_\theta MSE(\theta) + \alpha \theta$$

これは、

$$\theta := \theta - \eta \frac{2}{m} {}^t\tilde{X}(\tilde{X}\theta - y) + \alpha \theta$$

ということです。

28 多項式回帰

線形回帰モデルは、説明変数と目的変数の関係を直線で表すため、複雑な関係に対応できないという問題があります。そこで、説明変数を2乗、3乗、…とすることで非線形の関係を表現できるようにしたのが**多項式回帰**です。

●多項式回帰モデルの式

説明変数と目的変数の関係が直線でないと考えられる場合、説明変数の2乗、3乗、…を用いることで非線形の関係に対応したものを「多項式回帰」と呼びます。多項式回帰において「最大何乗までを扱うのか」を示したものを**次数**と呼び、次数を増やすほど複雑な曲線を表現できます。

● 多項式回帰モデルの式

$$f_\theta(\boldsymbol{x}) = \theta_{(0)} + \theta_{(1)} x + \theta_{(2)} x^2 + \cdots + \theta_{(n)} x^d$$

説明変数 x が n 個ある場合は、予測値 $\hat{y}$ について次のようになります。

28-01 多項式回帰による予測

n 個の説明変数：$\{x_{(1)}, x_{(2)}, \cdots, x_{(n)}\}$
m：説明変数共通のデータ数（目的変数のデータ数と同じ）
d：次数

$$\hat{y} = \begin{pmatrix} \theta_{(0)} + \theta_{(1)} x_{(1)} + \theta_{(2)} x_{(1)}^2 + \cdots + \theta_{(d)} x_{(1)}^d \\ \theta_{(0)} + \theta_{(1)} x_{(2)} + \theta_{(2)} x_{(2)}^2 + \cdots + \theta_{(d)} x_{(2)}^d \\ \vdots \\ \theta_{(0)} + \theta_{(1)} x_{(n)} + \theta_{(2)} x_{(n)}^2 + \cdots + \theta_{(d)} x_{(n)}^d \end{pmatrix}$$

●多項式回帰モデルによる予測

次図は、プログラムで

$$y = x_{(1)} + 0.5x_{(1)}^2 + 3.0 + noise$$

で作成した目的変数 y について、5次の多項式回帰と20次の多項式回帰で予測した結果をグラフにしたものです。noiseは、正規分布する0.0〜1.0未満の乱数を用いた**ガウシアンノイズ**と呼ばれる統計的雑音です。

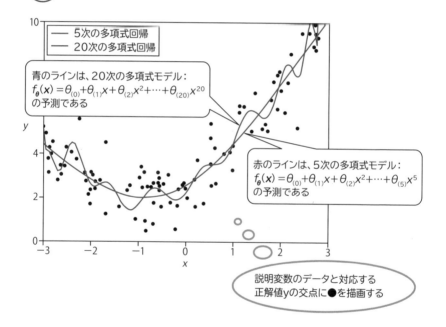

28-02 5次の多項式回帰と20次の多項式回帰で予測 (polynomial_regression.ipynb)

青のラインは、20次の多項式モデル:
$f_{\boldsymbol{\theta}}(\boldsymbol{x}) = \theta_{(0)} + \theta_{(1)}x + \theta_{(2)}x^2 + \cdots + \theta_{(20)}x^{20}$
の予測である

赤のラインは、5次の多項式モデル:
$f_{\boldsymbol{\theta}}(\boldsymbol{x}) = \theta_{(0)} + \theta_{(1)}x + \theta_{(2)}x^2 + \cdots + \theta_{(5)}x^5$
の予測である

説明変数のデータと対応する
正解値yの交点に●を描画する

5次の多項式回帰モデルの予測は「すり鉢状の滑らかな曲線」を描き、20次の多項式回帰モデルの予測は「クネクネと曲がりくねった複雑な曲線」を描いています。20次の多項式はかなりフィットしたモデルだといえますが、過剰にフィットした「過剰適合」の恐れがあります。「目的変数にフィットしすぎて、未知のデータに対応できない」という現象です。

●L1正則化を用いるLasso回帰

オーバーフィッティングを解消する手段としては、前の単元で紹介したL2正則化を用いるRidge回帰があります。ここではもう1つの手段として、**L1正則化**を用いた**Lasso (ラッソ) 回帰**を紹介します。

●L1正則化項 (L1ノルム)

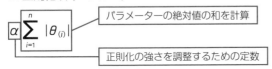

$$\alpha \sum_{i=1}^{n} |\theta_{(i)}|$$

パラメーターの絶対値の和を計算

正則化の強さを調整するための定数

正則化項の$\alpha (|\theta_{(1)}| + \cdots + |\theta_{(n)}|)$は、パラメーター$\theta_{(1)} \sim \theta_{(n)}$の絶対値の総和です。L1正則化項を用いたLasso回帰の損失関数の一般式は、次のようになります。

●Lasso回帰の損失関数

Lasso回帰の損失関数$J(\boldsymbol{\theta})$は次のようになります。

$$J(\boldsymbol{\theta}) = \boxed{MSE(\boldsymbol{\theta})} + \alpha \sum_{i=1}^{n} |\theta_{(i)}|$$

$$MSE(\boldsymbol{\theta}) = \frac{1}{m} \sum_{i=1}^{m} (f_{\boldsymbol{\theta}}(x_{(i)}) - y_{(i)})^2$$

L1正則化を用いた回帰には、「あまり重要ではない説明変数のパラメーター$\theta_{(i)}$がゼロになる」という性質があります。このことで、「重要度の低い説明変数」、言い換えると「取り除いても影響のない説明変数」が除外されることになります。

ハイパーパラメーターαが0のときは、損失関数の値は1/2を加えた平均二乗誤差と同じ値になります。αの値が大きいと0と推定される回帰係数の数が増え、逆にαの値が小さいと0と推定される回帰係数の数が減ります。

●20次の多項式回帰とLasso回帰の比較

次図は、20次の多項式回帰で予測した結果と、Lasso回帰で予測した結果をグラフにしたものです。

28-03 20次の多項式回帰とLasso回帰で予測 (polynomial_regression.ipynb)

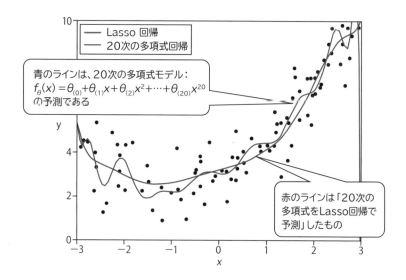

L1正則化項のハイパーパラメーターは、α=0.1としています。Lasso回帰を用いた予測では、オーバーフィッティングがかなり解消されています。

Point Lasso回帰とRidge回帰

● Lasso回帰
　L1正則化項（L1ノルム）を用いることで、不要なパラメーター（説明変数）を削ることを目的としています。

● Ridge回帰
　L2正則化項（L2ノルム）を用いることで、過剰適合を抑えることを目的としています。

●多項式のLasso回帰で住宅価格を予測してみる

多項式回帰にL1正則化を適用したモデルで、California Housingの住宅価格の予測を行ってみることにしましょう。scikit-learnのpreprocessing.PolynomialFeaturesクラスは、degreeオプションで次数を指定すると、説明変数のデータを多項式に変換します。scikit-learnのlinear_model.Lassoで、正規方程式によるLasso回帰のモデルを生成するので、これを使うことにします。

28-04　「California Housing」の前処理 (houseprice_poly.ipynb) (セル1)

ここでは136ページ「27-02」のコードを入力してください。

28-05　多項式に変換したデータをLasso回帰モデルで学習 (セル2)

```python
from sklearn.preprocessing import PolynomialFeatures
from sklearn.linear_model import Lasso

# 多項式の変換器を生成
poly = PolynomialFeatures(degree=3)
# 学習データをfit_transform()で3次の多項式に変換
X_train_pol = poly.fit_transform(X_train_std)
# 検証データをtransform()で3次の多項式に変換
X_test_pol = poly.transform(X_test_std)

model = Lasso(alpha=0.005)       # Lasso回帰モデル
model.fit(X_train_pol, y_train)  # 学習
```

初回の変換時には
fit_transform() を使う

2回目以降の変換は transform()
を使う

ハイパーパラメーターの値は
0.005 と小さい値を設定

28-06　学習済みモデルによる予測 (セル3)

```python
from sklearn.metrics import mean_squared_error
import numpy as np
```

```
y_train_pred = model.predict(X_train_pol)  # 多項式の学習データで予測
y_test_pred = model.predict(X_test_pol)    # 多項式の検証データで予測

# mean_squared_error() でMSEを求め、平方根を取ってRMSEを求める
print('RMSE(train): %.4f' %(
    np.sqrt(mean_squared_error(y_train, y_train_pred)))
)
print('RMSE(test) : %.4f' %(
    np.sqrt(mean_squared_error(y_test, y_test_pred)))
)
```

●出力

　RMSE(train) : 0.5847
　RMSE(test) ： 0.6219

　学習データの誤差は0.5847と低い値になっていて、検証データの誤差も0.6219と低く抑えられています。

Point **Lasso回帰とRidge回帰、どう使う？**

　Lasso回帰のL1正則化項（L1ノルム）は、パラメーターが0になりやすいことから、正則化の影響が非常に強くなります。これに対してRidge回帰のL2正則化項（L2ノルム）は、過剰適合になりやすく、正則化の影響が若干弱くなります。このことから、Ridge回帰は「学習データに対する精度は高く、テストデータに対する精度は低くなる」傾向があり、一方のLasso回帰は「学習データに対する精度はRidge回帰に比べ低くなるものの、テストデータに対する精度はRidge回帰よりも高くなる」傾向があります。

　多くの場合はRidge回帰の方がよい結果を得られますが、説明変数の数が多く、あまり重要でないものが多く含まれると予測されるときは、Lasso回帰を試すのがよいでしょう。

04

サポートベクターマシン（SVM）

サポートベクターマシンは、分類問題と予測問題の両方に使える汎用性の高いアルゴリズムです。この章では、サポートベクターマシンを用いた分類問題への対応と予測問題への対応について見ていきます。

サポートベクターマシンの分類モデル

サポートベクターマシン (SVM*) は、教師あり学習で用いられるパターン認識 (データの規則性や特徴を選別して取り出すこと) のためのアルゴリズムです。機械学習の各種手法の中でも特に認識性能に優れているといわれていて、分類問題にも予測問題にも使える汎用性の高いアルゴリズムです。

●ハードマージンSVMによる線形分類

サポートベクターマシンを用いた分類には、「ハードマージンSVM」と「ソフトマージンSVM」の2つの考え方があります。ここで、二値分類を行うための2群の説明変数x_1、x_2と正解ラベルtをm個ずつ用意し、次のように定めます (ここでは■と▲に分類する例で考えます)。

・二値分類における2群の説明変数をx_1、x_2とし、そのi番目のデータ (レコード) を

$$X_{(i)} = \left[\begin{array}{c} X_{(i)1} \\ X_{(i)2} \end{array} \right]$$

とします。

・i番目のデータ$x_{(i)}$の正解ラベルを$t_{(i)}$とし、

■に分類されるものを$t_{(i)} = 1$
▲に分類されるものを$t_{(i)} = -1$

とします。

分類のための決定境界 (分類境界) は、次の式で表されます。

---

*SVM　Support Vector Machineの略。

● 分類境界を求める関数（決定関数）

$$f(x) = w_1 x_1 + w_2 x_2 + b$$

w_1、w_2は、x_1、x_2に適用する係数（重み）、bは定数項（バイアス）を示します。

n次元の説明変数に対応する重みを

$$w = \begin{bmatrix} w_1 \\ w_2 \\ \vdots \\ w_n \end{bmatrix}$$

とし、n次元の説明変数について

$$x = \begin{bmatrix} x_1 \\ x_2 \\ \vdots \\ x_n \end{bmatrix}$$

として考えた場合、決定関数を次のように表せます。

● 分類境界を求める決定関数

$$f(x) = {}^t w x + b$$

説明変数のデータは複数あるので、データ数をm個とした場合、xは次のように行列になります。

$$x = \begin{bmatrix} {}^t x_1 \\ {}^t x_2 \\ \vdots \\ {}^t x_n \end{bmatrix} = \begin{bmatrix} x_{(1)1} & x_{(1)1} & \cdots & x_{(1)n} \\ x_{(2)2} & x_{(2)2} & \cdots & x_{(2)n} \\ \vdots & \vdots & \ddots & \vdots \\ x_{(m)1} & x_{(m)2} & \cdots & x_{(m)n} \end{bmatrix}$$

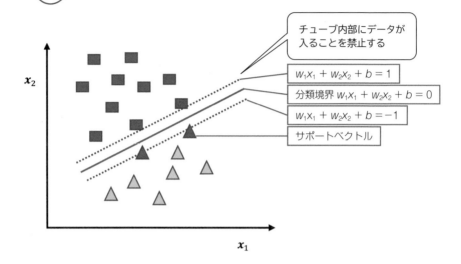

サポートベクターマシンの分類は、分類するデータ間になるべく広い道（チューブ）を通すことを目指します。上の図では、データがチューブの中に入らないよう、強い制約条件を課しています。このことを**ハードマージンSVM**と呼び、これを実装した分類モデルのことを**ハードマージンSVM分類器**と呼ぶことがあります。

ハードマージンSVMの分類では、上下のマージンで形成されるチューブの中にデータが入ることを禁止します。■や▲のように赤色になっているデータは分類境界線に最も近い（あるいは線上にある）データで、**サポートベクトル**と呼ばれます。

$x_{(i)} = {}^t(x_{(i)1}, x_{(i)2})$ についてマージンを最大化する w_1、w_2、b の組み合わせを求めるとき、$\|w\|^2/2$ を最小にする最適化問題として考えることができます。

● ハードマージンSVMの目標（最適化問題）

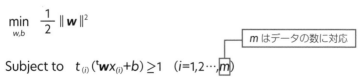

$$\min_{w,b} \quad \frac{1}{2}\|w\|^2$$

Subject to $t_{(i)}({}^t wx_{(i)}+b) \geq 1$ $(i=1,2\cdots,m)$

m はデータの数に対応

minは、$\|w\|^2/2$を最小にする問題 (**最適化問題**) を示し、**Subject to**は最適化を行う際の制約条件を示しています。$\|w\|^2$を1/2で割っているのは、あとあとの計算を簡単にするためで、特に深い意味はありません。

●ソフトマージンSVMによる線形分類

ソフトマージンSVMは、チューブの中にデータが入ることを許容します。ただし、チューブの中に入ったデータについてはペナルティを与え、マージンの最大化とペナルティの最小化を同時に行うことで、できるだけうまく分離できる境界を見つけます。$\|w\|$の記号$\|\quad\|$は、いろいろなものの「大きさ」を表す量を表す記号です。

29-02 ソフトマージンSVMの分類

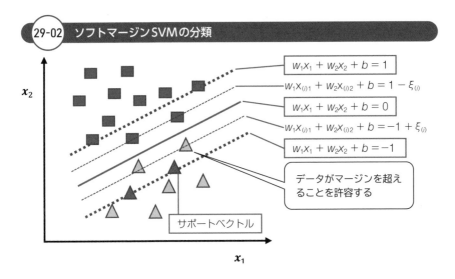

ソフトマージンSVMでは、ハードマージンSVMの最適化問題における制約条件、$t_{(i)}({}^t w x_{(i)} + b) \geq 1$の右辺を1から$1 - \xi_{(i)}$ ($\xi_{(i)} \geq 0$) に変えることで、データ点$x_{(i)}$がマージンから$\xi_{(i)}$だけ内側に存在することを許容します。

ソフトマージンSVMにおいても、$x_{(i)} = {}^t(x_{(i)1}, x_{(i)2})$についてマージンを最大化する$w_1$、$w_2$、$b$の組み合わせを求めるとき、$\|w\|^2/2$を最小にする最適化問題として考えることができます。このとき、制約条件を変更してして次のように定義します。

● ソフトマージンSVMの目標（最適化問題）

$$\min_{w,b,\xi} \quad \frac{1}{2}\|w\|^2 + C\sum_{i=1}^{m}\xi_{(i)}$$

Subject to $\quad t_{(i)}({}^t wx_{(i)}+b) \geq 1-\xi_{(i)} \quad (i=1,2\cdots,m)$

$\quad\quad\quad\quad\quad \xi_{(i)} \geq 0 \quad (i=1,2\cdots,m)$ ← m はデータの数に対応

　ξ（クサイ）は $\xi = {}^t(\xi_{(1)}, \cdots, \xi_{(m)})$ のことで、「説明変数 $x_{(i)}$ のデータがマージンの内側にはみ出すことを許容する度合い」です。$\xi_{(i)}>1$ の場合は、マージンの内側から分類境界線を越えて反対側の領域に存在することも許容するようになります。そこで、$C\sum_{i=1}^{m}\xi_{(i)}$ を追加することで、$\xi_{(i)}$ が過大にならないように調整します。C は正則化を行うための係数で、「コスト値」と呼ばれる正の定数です。C が小さいほど $\xi_{(i)}$ は大きくできるので、制約条件は緩くなります。この場合、データがマージンの内側からさらに分類境界線を越えて反対側の領域に位置することも許容できます。

　逆に C が大きいほど $\xi_{(i)}$ は大きくなれないので、制約条件が強く働くようになり、データがマージンの内側に存在することが抑制されます。C が無限大（∞）になると、$\sum_{i=1}^{m}\xi_{(i)}$ は0でなければならなくなり、ハードマージンと同じことになります。

●双対問題

　これまでに、ハードマージンSVMとソフトマージンSVMについて定式化した、最適化問題を見てきました。これらの最適化問題は、SVM分類における**主問題**とも呼ばれます。SVM分類では、後述の理由から主問題に対して**双対問題**と呼ばれる問題を導きます。その理由として、「双対問題が主問題よりも解きやすい場合がある」、「線形の分離から非線形の分離に変える場合に、双対問題の方が扱いやすい」といったことが挙げられます。先に示した最適化問題を次のように書き換えます。ハードマージンSVMは $C=∞$ としたときのソフトマージンSVMと考えることができるので、以下の式はソフトマージンSVMの定式化をもとにしています。

● SVM分類の目標 (双対問題)

$$\max_{\alpha} \quad -\frac{1}{2}\sum_{i=1}^{m}\sum_{j=1}^{m}\alpha_{(i)}\alpha_{(j)}t_{(i)}t_{(j)}{}^{t}\mathbf{x}_{(i)}\mathbf{x}_{(j)} + C\sum_{i=1}^{m}a_{(i)}$$

$$\text{Subject to}\quad \sum_{i=1}^{m}\alpha_{(j)}t_{(i)}=0$$

$$0\le\alpha_{(i)}\le C \quad (i=1,2,\cdots,m)$$

双対問題を解いてα (**相対変数**と呼ばれます) の最適解：

$$\alpha = \alpha^* = (\alpha^*_{(1)}, \alpha^*_{(2)}, \cdots, \alpha^*_{(n)})$$

を求めたとします。すると、制約条件$0\le\alpha^*_{(i)}\le C$を満たす、主変数$\mathbf{w}$の最適解$\mathbf{w}^*$が次の式で得られます。

● $\mathbf{w}$の最適解$\mathbf{w}^*$

$$\mathbf{w}^* = \sum_{i=1}^{m}\alpha^*_{(i)}t_{(i)}\mathbf{x}_{(i)}$$

ここで、$x_{(s)}$をサポートベクトル ($\xi_{(i)}=0$) の中から適当に選んだ1つだとすると、

$$t_{(s)}({}^{t}\mathbf{w}^*\mathbf{x}_{(s)} + b^*) = 1$$

となるので、この式の両辺に$t_{(s)}$ ($t_{(s)}^2=1$ $\because t_{(s)}=\pm1$) を掛けると、次のようにbの最適解b^*が得られます。

● bの最適解b^*

$$t\mathbf{w}^*\mathbf{x}_{(s)}+b^*=t_{(s)}$$

$$\therefore b^*=t_{(s)} - t\mathbf{w}^*\mathbf{x}_{(s)} = t_{(s)} - \left(\sum_{\substack{i=1\\0<\alpha^*_{(i)}<C}}^{m}\alpha^*_{(j)}t_{(j)}\mathbf{x}_{(j)}\right)\mathbf{x}_{(s)}$$

$$= t_{(s)} - \sum_{\substack{i=1\\0<\alpha^*_{(i)}<C}}^{m}\alpha^*_{(j)}t_{(j)}{}^{t}\mathbf{x}_{(j)}\mathbf{x}_{(s)}$$

$\alpha^*_{(j)}>0$については、サポートベクトルのみに対する和を表しています。

●カーネルを用いた決定関数 $f(x)$ の式

分類境界を求める決定関数：

$$f(\mathbf{x}) = {}^t\mathbf{w}\mathbf{x} + b$$

は、w の最適解 w^* を求める

$$\mathbf{w}^* = \sum_{i=1}^{m} \alpha^*_{(i)} t_{(i)} \mathbf{x}_{(i)}$$

を用いると、次のように表現できます。

●決定関数

$$f(\mathbf{x}) = \sum_{i=1}^{m} \alpha_{(i)} t_{(i)} k\left(\mathbf{x}_{(i)}, \mathbf{x}\right) + b$$

ここで出てきた $k\left(\mathbf{x}_{(i)}, \mathbf{x}\right)$ を**カーネル関数**と呼びます。カーネル関数は、データの次元をより高い次元に変換することで、線形分離を可能にするための働きをします。ここで用いているカーネル関数は**線形カーネル**と呼ばれるもので、2つのベクトル間の内積をそのまま返します。

●線形カーネル

$$k\left(\mathbf{x}_{(i)}, \mathbf{x}_{(j)}\right) = {}^t\mathbf{x}_{(i)}\mathbf{x}_{(j)}$$

線形カーネルは最も
シンプルなカーネル
(関数)です。

多項式カーネルを用いた サポートベクター分類

線形カーネルを用いるサポートベクターマシンでは、直線で表される分類境界で分類します。しかし、世の中のデータの中には線形の分類境界で分離できないものも多く存在します。このような場合は、データの次元をより高い次元に変換することで線形分離を可能にするカーネル関数が選択されます。

●線形で分離することが不可能なケース

ここで、次図のように2つのグループに属するデータについて見てみましょう。

30-01 二値分類の教師あり学習用のデータ（100個をプロット）

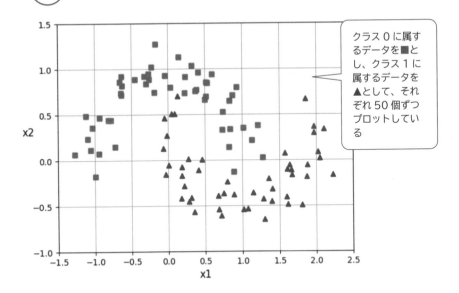

クラス0に属するデータを■とし、クラス1に属するデータを▲として、それぞれ50個ずつプロットしている

教師あり学習なので、クラス0に分類されるデータを■、クラス1に分類されるデータを▲で表示しています。線形分離は難しそうですが、ハードマージンSVMとソフトマージンSVMでそれぞれで分類した結果、次図のようになりました。

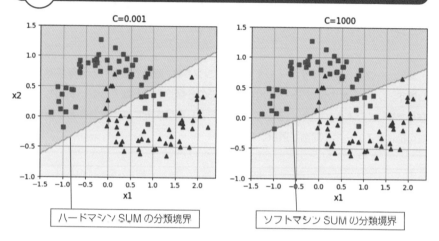

ハードマージンSVMではコスト値Cを0.001のように極小値に設定し、ソフト
マージンSVMではコスト値Cを1000に設定しました。結果としてソフトマージン
分類の決定境界付近にはハードマージン分類と比べて多くのデータが入り込んでい
るのがわかりますが、線形分離ではこれが精一杯です。

●多項式カーネルによるサポートベクター分類

線形カーネルを用いたサポートベクターマシンは、線形の分類境界で分離が可能
なデータであれば精度の高い分類を行いますが、線形では分類できないデータには
対応できません。そこで、分類境界を線形ではなく非線形にすることを考えます。多
項式カーネルは、2つのベクトル間の関係をd次の多項式に変換します。

●多項式カーネル

$$k(\mathbf{x}_{(i)}, \mathbf{x}_{(j)}) = ({}^t\mathbf{x}_{(i)}\mathbf{x}_{(j)} + \text{coef0})^d$$

dは多項式の次数を表す正の整数、coef0はオフセット値 (定数項) で正の実数で
す。いずれも、最適化の過程で調整する定数値 (ハイパーパラメーター) です。

scikit-learnライブラリのsvm.SVCでは、dは「degree ＝ 3」、coef0は「coef0 ＝ 0.0」が初期値として与えられています。先の多項式カーネルの式中coef0は、svm.SVCのcoef0オプションの表記を用いています。

30-03　多項式カーネルを用いたSVM分類のイメージ

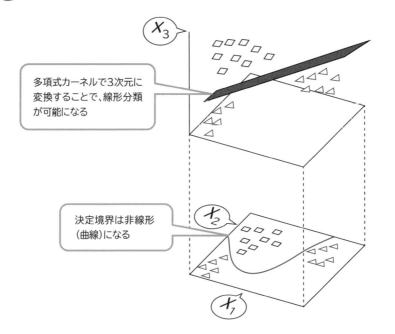

多項式カーネルで3次元に変換することで、線形分類が可能になる

決定境界は非線形（曲線）になる

多項式カーネルを用いたサポートベクターマシンで分類してみた結果、次図のようになりました。左が3次の多項式カーネル、右が10次の多項式カーネルを使用したものです。

Point　sklearn.svm.SVCクラス

　scikit-learnライブラリのsklearn.svm.SVCクラスは、サポートベクターマシン分類を実施します。モデルを生成する際に、kernelオプションでカーネルとして用いる関数を指定することができます。

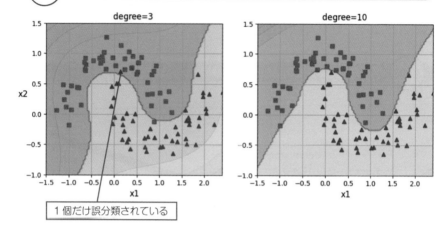

1個だけ誤分類されている

コスト値Cはどちらも5に設定しています。10次の多項式カーネルを用いたSVMでは、誤分類がありません。

●多項式カーネルのSVMでワインの品質分類を行う

機械学習における分類問題用のデータセット「Wine Quality」が「UCI Machine Learning Repository」のサイトで公開されています。赤ワインと白ワインのデータセットのうち、赤ワインのデータセット「winequality-red.csv」には、1,599件の赤ワインの品質の測定値と、1〜10の10段階の評価データが収録されています。

次は、赤ワインのデータセットをデータフレームに読み込んで、冒頭5件のデータを表示したものです。

Point Wine Quality

本書では、「winequality-red.csv」をプログラム上で直接ダウンロードするようにしていますが、「https://archive.ics.uci.edu/dataset/186/wine+quality」のページで[DOWNLOAD]ボタンをクリックすると、「winequality-red.csv」と「winequality-white.csv」が格納されたZIP形式ファイルをダウンロードすることができます。

	fixed acidity	volatile acidity	citric acid	residual sugar	chlorides	free sulfur dioxide	total sulfur dioxide	density	pH	sulphates	alcohol	quality
0	7.4	0.70	0.00	1.9	0.076	11.0	34.0	0.9978	3.51	0.56	9.4	5
1	7.8	0.88	0.00	2.6	0.098	25.0	67.0	0.9968	3.20	0.68	9.8	5
2	7.8	0.76	0.04	2.3	0.092	15.0	54.0	0.9970	3.26	0.65	9.8	5
3	11.2	0.28	0.56	1.9	0.075	17.0	60.0	0.9980	3.16	0.58	9.8	6
4	7.4	0.70	0.00	1.9	0.076	11.0	34.0	0.9978	3.51	0.56	9.4	5

11列のデータ (説明変数) およびワインの評価 (目的変数) の1列のデータで構成されています。

● Wine Quality (赤ワイン) の11列のデータ (説明変数)

カラム (列) 名	内容
fixed acidity	酒石酸濃度
volatile acidity	酢酸濃度
citric acid	クエン酸濃度
residual sugar	残糖濃度
chlorides	塩化ナトリウム濃度
free sulfur dioxide	遊離SO$_2$ (二酸化硫黄) 濃度
total sulfur dioxide	総SO$_2$ (二酸化硫黄) 濃度
density	密度
pH	水素イオン濃度
sulphates	硫化カリウム濃度
alcohol	アルコール度数

● Wine Quality (赤ワイン) の目的変数

カラム (列) 名	内容
quality	1〜10の評価

目的変数は、ワインの品質 (等級) を示す1〜10の離散値です。実際のデータには3〜8の範囲のみが記録されているので、実際には6クラスの多クラス分類になります。

では、実際にデータセットをダウンロードして前処理までを行います。

30-06 Wine Quality（赤ワイン）のダウンロードと前処理（winequality_ SVM_poly.ipynb）（セル1）

```python
import pandas as pd
from sklearn.model_selection import train_test_split
from sklearn.preprocessing import StandardScaler

# winequality-red.csvをダウンロードしてデータフレームに格納
df_wine = pd.read_csv(
    "https://archive.ics.uci.edu/ml/machine-learning-databases/wine-quality/winequality-red.csv",
    sep=";",header=0)
```

ここは1行で記述する

```python
X = df_wine.iloc[:,0:11].values # 説明変数のデータ
y = df_wine.iloc[:,-1].values ? # 目的変数のデータ
X_train, X_test, y_train, y_test = train_test_split(
    X, y, test_size=0.2, random_state=0) # 8:2の割合で分割
scaler = StandardScaler() # StandardScalerを生成
X_train_std = scaler.fit_transform(X_train) # 学習データを標準化
X_test_std = scaler.transform(X_test)        # 検証データを標準化
```

　サポートベクターマシンの分類モデルは、多クラス分類にも対応するscikit-learnライブラリのsvm.SVCクラスで作成します。学習の際に目的変数のデータとして正解ラベルを設定するだけで、正解ラベルのクラス数に応じて学習が行われます。

Point **sklearn.svm.SVCで多項式カーネルを使う**

　scikit-learnライブラリのsklearn.svm.SVCクラスでサポートベクターマシン分類のモデルを生成する際に、「kernel = 'poly'」、「degree=3」を指定することで、次数が3の多項式カーネル関数を設定できます。

多項式カーネルの指定はkernel = 'poly'で行い、多項式の次数はdegreeオプションで指定します。

30-07 3次の多項式カーネルが設定されたSVM分類モデルで学習する（セル2）

```python
from sklearn.svm import SVC
# 3次の多項式カーネル
model = SVC(kernel='poly', degree=3, random_state=0)
model.fit(X_train_std, y_train) # 学習
```

学習済みモデルで学習データと検証データの分類予測を行い、正解率を求めます。

30-08 学習データと検証データで分類予測を行う（セル3）

```python
from sklearn.metrics import accuracy_score
y_train_pred = model.predict(X_train_std) # 学習データで分類予測
y_test_pred = model.predict(X_test_std)   # 検証データで分類予測
acc_train = accuracy_score(y_train, y_train_pred) # 学習データの正解率
acc_test = accuracy_score(y_test, y_test_pred)    # 検証データの正解率
print('acc_train: ', acc_train)
print('acc_test: ', acc_test)
```

● 出力

```
acc_train:  0.671618451915559
acc_test:  0.65
```

学習データを用いた多クラス分類の正解率は約0.67、検証データの正解率は0.65となりました。今後、様々なアルゴリズムを用いてWine Qualityの多クラス分類を行うので、目安となる値として覚えておくとよいでしょう。

ガウスRBFカーネルを用いた サポートベクター分類

前の単元では、「元の次元では線形分離できないデータであっても、多項式カーネルを用いてデータをより高い次元に変換することで、線形分離を可能にする」方法を見てきました。ここでは、カーネル関数として最も多く使われる**ガウスRBFカーネル**について見ていきます。

●ガウスRBFカーネル

ガウスRBFカーネルは、**放射基底関数 (RBF*)** としてガウス関数を用いた変換を行います。放射基底関数とは「距離に基づいて値が決まる関数」のことで、これに用いるガウス関数とは、正規分布 (ガウス分布) の確率密度関数のことです。グラフにした場合、1次元の変数であれば原点を中心に左右対称の形になり、2次元の変数であれば原点を中心とした回転対称な形 (立体面) になります。これを利用して、2つのベクトル間の関係を高次の空間に移し替えます。

γ (ガンマ) の値を大きくすると、分布の幅が狭い尖った形のガウス分布になり、過剰適合 (過学習) が起こりやすくなる傾向があります。

ガウスRBFカーネルは、次の式で表されます。

●ガウスRBFカーネル

$$k(\mathbf{x}_{(i)}, \mathbf{x}_{(j)}) = \exp(-\gamma \|\mathbf{x}_{(i)} - \mathbf{x}_{(j)}\|^2)$$

$$\gamma = \frac{1}{2\sigma^2}$$

γ の σ (標準偏差) は、実数のハイパーパラメーターとして設定します。

---

*RBF　Radial Basis Functionの略。

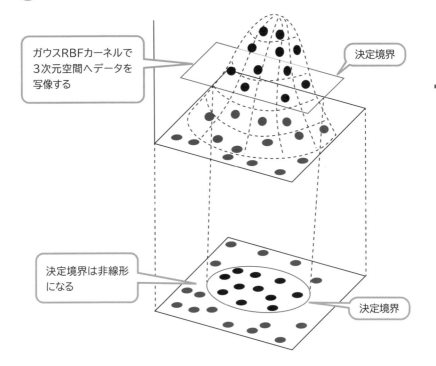

ガウスRBFカーネルで
3次元空間へデータを
写像する

決定境界

決定境界は非線形
になる

決定境界

　線形分離が不可能なデータを、ガウスRBFカーネルを用いたサポートベクターマシンで分類してみた結果は、次ページの図のようになりました。

　γの値を上段0.5、中段5、下段30に設定し、各段の左側は$C = 0.001$のハードマージン分類、右側は$C = 1000$のソフトマージン分類になっています。

　γを大きくすると先の尖った分布になるので、これに従って決定境界が形作る領域が段階的に小さくなっていることが確認できます。

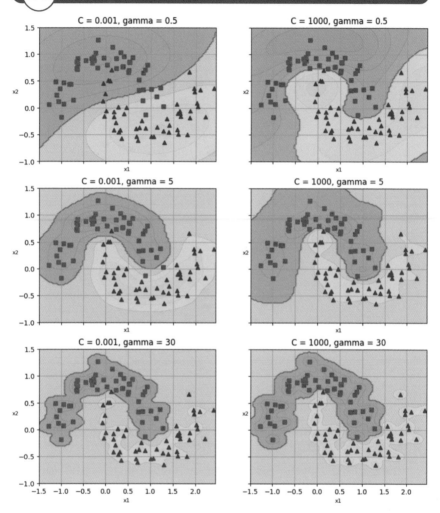

●ガウスRBFのSVMでワインの品質分類を行う

「Wine Quality」の赤ワインの品質についての多クラス分類を、ガウスRBFカーネルを用いたサポートベクターマシンで実施してみましょう。データセットのダウンロードと前処理については、本文160ページ「30-06」のセル1のソースコードを入力します。

31-03 Wine Quality (赤ワイン) のダウンロードと前処理 (winequality_ SVM_gauss.ipynb) (セル1)

160ページ「30-06」のセル1のコードを入力します。

サポートベクターマシンの分類モデルは、多クラス分類にも対応するscikit-learnライブラリのsvm.SVCクラスで作成します。ガウスRBFカーネルの指定はkernel = 'rbf' で行います。

31-04 ガウスRBFカーネルが設定されたSVM分類モデルで学習する (セル2)

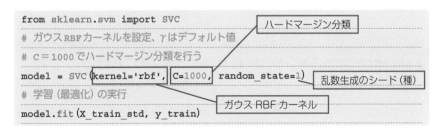

```
from sklearn.svm import SVC
# ガウスRBFカーネルを設定、γはデフォルト値
# C＝1000でハードマージン分類を行う
model = SVC(kernel='rbf', C=1000, random_state=1)
# 学習 (最適化) の実行
model.fit(X_train_std, y_train)
```

ハードマージン分類

乱数生成のシード (種)

ガウスRBFカーネル

学習済みモデルで学習データと検証データの分類予測を行い、正解率を求めます。

```
from sklearn.metrics import accuracy_score
y_train_pred = model.predict(X_train_std) # 学習データで分類予測
y_test_pred = model.predict(X_test_std)    # 検証データで分類予測
acc_train = accuracy_score(y_train, y_train_pred) # 学習データの正解率
acc_test = accuracy_score(y_test, y_test_pred)    # 検証データの正解率
print('acc_train: ',acc_train)
print('acc_test: ', acc_test)
```

●出力

```
acc_train 0.9906176700547302
acc_test 0.671875
```

　ハードマージン分類にしたので学習データの正解率は約0.99で、明らかにオーバーフィッティングとなっていますが、検証データの正解率は約0.67となり、多項式カーネルよりも少し（2パーセントほど）とはいえ高くなっています。

Hint sklearn.svm.SVCやsklearn.svm.SVRにおけるカーネル関数の指定

　サポートベクターマシンの分類モデル「sklearn.svm.SVC」や回帰モデル「sklearn.svm.SVR」では、モデルを生成する際に、kernelオプションを使って下表の関数をカーネル関数として設定できます。

▼kernelオプションの設定値

設定値	説明
'linear'	線形カーネル
'poly'	多項式カーネル
'rbf'（デフォルト値）	ガウスRBFカーネル
'sigmoid'	シグモイドカーネル

32 サポートベクターマシンの回帰モデル

サポートベクターマシンはデータを分類するための分類境界を決定するのが目的ですが、これを回帰直線として捉えることで予測（回帰）問題に適用したのが、**線形サポートベクター回帰**です。

●線形サポートベクター回帰

線形サポートベクター回帰（以下、**SVM回帰**とも表記）では、マージンの代わりに不感度パラメーターが用いられます。

●不感度パラメーター（ε）

SVM回帰の損失関数は、誤差が不感度パラメーターε（エプシロン）の内部に収まっているデータに関しては誤差の測定を行わないことから、**ε-不感損失関数**と呼ばれます。回帰の場合は、εの外側にあるデータに対してのみ予測値との誤差を測定し、学習を行います。εの内部に収まっているデータについては、誤差がゼロだとして学習の対象から除外します。

32-01 SVM回帰のグラフ

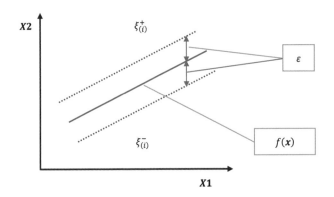

●サポートベクトル

不感度パラメーター ε の外側のデータ点が「サポートベクトル」となります。
グラフを見ながら確認しましょう。

回帰問題（予測問題）は、モデルの出力値が実数値となる問題です。SVM回帰の予測式から見ていきましょう。

● SVM回帰の予測式（回帰関数）

$$f(\boldsymbol{x}) = {}^t\boldsymbol{w}\boldsymbol{x} + b$$

$$\boldsymbol{x} = \begin{bmatrix} {}^t\boldsymbol{x}_1 \\ {}^t\boldsymbol{x}_2 \\ \vdots \\ {}^t\boldsymbol{x}_n \end{bmatrix} = \begin{bmatrix} x_{(1)1} & x_{(1)1} & \cdots & x_{(1)n} \\ x_{(2)2} & x_{(2)2} & \cdots & x_{(2)n} \\ \vdots & \vdots & \ddots & \vdots \\ x_{(m)1} & x_{(m)2} & \cdots & x_{(m)n} \end{bmatrix}$$

一般的に回帰問題では、最小二乗法が用いられます。正解値（教師データ） $y_{(i)}$ とモデルが出力した予測値の差の二乗和が最小となるように、モデルのパラメーター w と b を決定します。このことは、次の最小化問題（最適化問題）として表されます。

●最小化問題の定式化

$$(\boldsymbol{w}, b) = \min_{w, b} \sum_{i=1}^{m} \left(y_{(i)} - ({}^t\boldsymbol{w}\boldsymbol{x}_{(i)} + b) \right)^2$$

回帰問題のためのサポートベクターマシンの損失関数は、誤差の絶対値である $|y_{(i)} - f(x_{(i)})|$ が ε 以下のとき損失を0とし、$|y_{(i)} - f(x_{(i)})|$ が ε より大きくなるにつれて線形に損失が増えていきます。ε は不感度パラメーターで、学習の際にハイパーパラメーターとして値を設定します。

●SVM回帰の損失関数

$$l_\varepsilon(y, f(\boldsymbol{x})) = \max \{0, |y - f(\boldsymbol{x})| - \varepsilon\}$$

分類のためのサポートベクターマシンでは「マージンが1以上のデータの損失は0」としていましたが、回帰の場合は「正解値と予測値の差が ε 以内であれば損失を0」とします。

SVM回帰の損失関数は、誤差がε内部に収まっているデータに関しては誤差の測定を行わないことから、「ε-不感損失関数」と呼ばれます。これに従って、SVM回帰における最適化問題は次のように定義されます。

● SVM回帰の最適化問題

$$(\boldsymbol{w},b) = \min_{w,b} \frac{1}{2} \| \boldsymbol{w} \|^2 + C \sum_{i=1}^{m} \max \{ | y_{(i)} - ({}^t\boldsymbol{w}\boldsymbol{x}_{(i)}+b) | - \varepsilon, 0 \}$$

ここで損失関数l_εについて場合分けをして、次のように書き直します。

● SVM回帰の損失関数

$$l_\varepsilon (y, f(\boldsymbol{x})) = \max \{ -(y-({}^t\boldsymbol{w}\boldsymbol{x}+b)) - \varepsilon, 0 \}$$
$$+ \max \{ (y-({}^t\boldsymbol{w}\boldsymbol{x}+b)) - \varepsilon, 0 \}$$

● SVM回帰の主問題

複数の関数の最大値を最小化する問題は、補助的な変数を導入することで、制約付きの最適化問題として式にできることが知られています。先の損失関数l_εの2つの最大化maxのために、変数$\xi^- = {}^t(\xi^-_{(1)}, \cdots, \xi^-_{(m)})$と$\xi^+ = {}^t(\xi^+_{(1)}, \cdots, \xi^+_{(m)})$を導入すると、SVM回帰の主問題の式として表せます。

● SVM回帰の主問題

$$(\boldsymbol{w},b) = \min_{w,b} \frac{1}{2} \| \boldsymbol{w} \|^2 + C \sum_{i=1}^{m} (\xi^-_{(i)} + \xi^+_{(i)})$$

Subject to $\quad \xi^-_{(i)} \geq -(y-({}^t\boldsymbol{w}\boldsymbol{x}+b)) - \varepsilon, \ \xi^-_{(i)} \geq 0 \quad (i=1,2,\cdots,m)$

$\qquad\qquad\quad \xi^-_{(i)} \geq -(y-({}^t\boldsymbol{w}\boldsymbol{x}+b)) - \varepsilon, \ \xi^+_{(i)} \geq 0 \quad (i=1,2,\cdots,m)$

不感度パラメーターの上側の誤差$\xi^+_{(i)}$および下側の誤差$\xi^-_{(i)}$について確認しておきましょう。

● $\xi_{(i)}^{+}$ と $\xi_{(i)}^{-}$

・不感度パラメーターの上側の誤差：$\xi_{(i)}^{+} = y - (f(\boldsymbol{x}) + \varepsilon)$
・不感度パラメーターの下側の誤差：$\xi_{(i)}^{-} = (f(\boldsymbol{x}) - \varepsilon) - y$

　$\xi_{(i)}^{+}$ は「上側の不感度パラメーターを超えた i 番目のサポートベクトルと予測値との誤差」、$\xi_{(i)}^{-}$ は「下側の不感度パラメーターを超えた i 番目のサポートベクトルと予測値との誤差」です。上下の不感度パラメーターの内部に収まっているデータに関しては、誤差の測定は行われません。誤差が一定以内に収まっているデータは学習せずに、誤差が一定以上のデータを重点的に学習することになります。C は「コスト値」で、正則化の強さのバランスを調整するための働きをします。

● SVM回帰の双対問題

　SVM回帰の主問題では、$\boldsymbol{w}$、b に加えて $\xi^{-} = {}^{t}(\xi_{(1)}^{-}, \cdots, \xi_{(m)}^{-})$ と $\xi^{+} = {}^{t}(\xi_{(1)}^{+}, \cdots, \xi_{(m)}^{+})$ が未知数となっています。この問題を解くには、SVM分類のところで説明した (単元29参照)、「双対問題」と呼ばれる問題を導きます。

● SVM回帰の双対問題

$$\max_{\alpha} \quad -\frac{1}{2} \sum_{i=1}^{m} \sum_{j=1}^{m} (\alpha_{(i)}^{+} - \alpha_{(i)}^{-})(\alpha_{(j)}^{+} - \alpha_{(j)}^{-}) \, {}^{t}\boldsymbol{x}_{(i)}, \boldsymbol{x}_{(j)}$$

$$+ \sum_{i=1}^{m} (\alpha_{(i)}^{+} - \alpha_{(i)}^{-}) y_{(i)} - \sum_{i=1}^{m} (\alpha_{(i)}^{+} - \alpha_{(i)}^{-}) \varepsilon$$

$$\textit{Subject to} \quad \sum_{i=1}^{m} (\alpha_{(i)}^{+} - \alpha_{(i)}^{-}) = 0, \quad 0 \leq \alpha_{(i)}^{+} \leq C, \quad 0 \leq \alpha_{(i)}^{-} \leq C \quad (i=1,2,\cdots,n)$$

ここで相対変数 α^{+}、α^{-} と主変数 w についての次の事実に注目します。

● 主変数 w と相対変数 α^{+}、α^{-} の関係

$$\boldsymbol{w} = \sum_{i=1}^{m} (\alpha_{(i)}^{+} - \alpha_{(i)}^{-}) \boldsymbol{x}_{(i)}$$

この関係式を用いると、SVM回帰における回帰関数を$f(x) = {}^t wx + b$として、αを用いて次のように表現できます。

●SVMの回帰関数

$$f(\boldsymbol{x}) = {}^t\left(\sum_{i=1}^{m} (\alpha_{(i)}^+ - \alpha_{(i)}^-) \, \boldsymbol{x}_{(i)} \right) \boldsymbol{x} + b$$

●カーネルを用いた決定関数 $f(\boldsymbol{x})$ の式

SVM回帰にカーネル関数を適用すると次のようになります。

●SVMの回帰関数 (カーネル関数適用後)

$$f(\boldsymbol{x}) = \sum_{i=1}^{m} (\alpha_{(i)}^+ - \alpha_{(i)}^-) \boxed{k\,(\boldsymbol{x}_{(i)}, \boldsymbol{x})} + b$$

カーネル

本単元では、2つのベクトル間の内積をそのまま返す線形カーネルを用いることにして、解説を進めます。

●線形カーネル

$$k\,(\boldsymbol{x}_{(i)}, \boldsymbol{x}_{(j)}) = {}^t\boldsymbol{x}_{(i)} \boldsymbol{x}_{(j)}$$

Term カーネルトリック

　　線形カーネルは2つのベクトルの内積を求めるだけなので、データの高次元空間への変換（写像）は行われませんが、「多項式カーネル」や「ガウスRBFカーネル」を用いることで、データを事前に多項式などに変換してから線形SVM回帰で学習したときと同じ結果を得られます。面倒な事前の変換作業を行わずに同等の結果を得られることから、**カーネルトリック**と呼ばれます。

●不感度パラメーターεの値を変えた2パターンで試してみる

次図は、0~1.0未満のランダムに分布するデータ100個を説明変数に、線形に分布する0~1.0未満の乱数にノイズを加えた100個のデータを目的変数にして、SVM回帰による予測を行い、これをグラフにしたものです。このときの不感度パラメーターεの値は1.5です。

32-02 SVM回帰を実行 (SVM_Regression.ipynb)

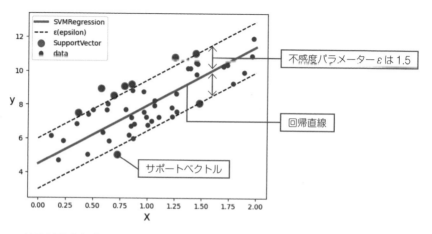

上下の不感度パラメーターεの値を1.5にした結果、チューブの中に大半のデータが収まっています。これに伴い、マージンの外側にあるサポートベクトルの数は少なくなっています。

Hint ## sklearn.svm.LinearSVRにおける不感度パラメーターの設定

scikit-learnライブラリのsklearn.svm.LinearSVRクラスは、線形カーネルを用いたSVM回帰モデルを生成します。モデルを生成する際にepsilonオプションを使って不感度パラメーターに任意の値を設定できます。デフォルトで「epsilon = 0.0」が設定されています。

次は、同じデータに対して不感度パラメーターεの値を0.5にした結果です。

32-03 不感度パラメーターεの値を0.5にしたサポートベクター回帰

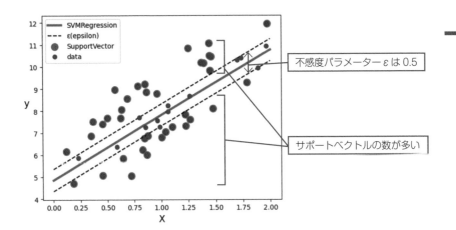

上下の不感度パラメーターεをそれぞれ0.5にした結果、チューブの中に収まる
データの数は少なくなり、サポートベクトルの数が大半を占めるようになりました。

　ここで注目したいのが、不感度パラメーターεの値を変えても回帰直線の形状は
ほぼ同じになっていることです。このことは、「チューブの中に収まるデータの数を
増やしても、モデルの予測には影響がない」ことを示しています。

●線形カーネルのSVM回帰で住宅価格を予測してみる

　線形カーネルのSVM回帰のモデルを作成して、California Housingの住宅価格の
予測を行ってみることにしましょう。scikit-learnのsvm.LinearSVRクラスは、線形
カーネルを使用したSVM回帰モデルを生成します。不感度パラメーターεの値とし
ては、epsilonオプションで任意の値を設定できます。

「California Housing」の前処理 (houseprice_SVM.ipynb) (セル1)

03章136ページ「27-02」のセル1のコードを入力します。

32-05 線形サポートベクター回帰のモデルで学習 (セル2)

```
from sklearn.svm import LinearSVR
# 線形カーネルのSVM回帰モデル
# εをデフォルトの0に、学習回数の上限 (デフォルトは1000) を2000にする
model = LinearSVR(epsilon=0, max_iter=2000)
# 学習開始
model.fit(X_train_std, y_train)
```

32-06 学習済みモデルによる予測 (セル3)

```
from sklearn.metrics import mean_squared_error
import numpy as np
# 訓練データ、テストデータをそれぞれモデルに入力して予測値を取得
y_train_pred = model.predict(X_train_std)
y_test_pred = model.predict(X_test_std)
# 訓練データ、テストデータのRMSEを求める
print('RMSE(train): %.4f' % (
    np.sqrt(mean_squared_error(y_train, y_train_pred))))
print('RMSE(test) : %.4f' % (
    np.sqrt(mean_squared_error(y_test, y_test_pred))))
```

●出力

```
RMSE(train): 0.6795
RMSE(test) : 0.6789
```

　線形回帰モデルと比較して誤差が小さくなっていますが、サポートベクターマシンであっても線形カーネルを使用した場合は真価が発揮できていないようです。

33 ガウスRBFカーネルを用いた SVM回帰

　学習データを高次元の空間に写像するカーネルを用いることで、複雑な決定境界 (回帰のライン) を学習できるようになります。

●RBFカーネルを使う

　線形サポートベクター回帰で使いやすいのは、**多項式カーネル**と**ガウスRBFカーネル**です。

●多項式カーネル

$$k\,(\mathbf{x}_{(i)},\,\mathbf{x}_{(j)})=({}^t\mathbf{x}_{(i)}\mathbf{x}_{(j)}+cof0)^d$$

●ガウスRBFカーネル

$$k\,(\mathbf{x}_{(i)},\,\mathbf{x}_{(j)})=\exp\,(-\gamma\,\|\,\mathbf{x}_{(i)}-\mathbf{x}_{(i)}\,\|^2)$$

$$\gamma=\frac{1}{2\delta^2}$$

　本単元では、放射基底関数 (RBF) としてガウス関数を用いたガウスRBFカーネルを使用します。単元引でも述べた通り、**放射基底関数**とは「距離に基づいて値が決まる関数」のことで、これにガウス関数を用いることからガウスRBFカーネルと呼ばれています。**ガウス関数**とは、正規分布 (ガウス分布) の確率密度関数のことです。

　γの値を大きくすると、分布の幅が狭い尖った形のガウス分布になり、過剰適合 (過学習) が起こりやすくなる傾向があります。

●カーネルによる学習結果の違い

　実際にガウスRBFカーネルと多項式カーネルで同じデータを学習し、結果をグラフにして、どのような違いがあるのか確かめてみました。

・コスト値Cはすべて100に設定し、正則化を弱めて学習データにいっそうフィットするようにしています。
・不感度パラメーターεの値はSVRクラスのデフォルト値0.1から0.2に引き上げています。

　次の2つの図は、それぞれγ＝0.1とγ＝1.0を設定したガウスRBFカーネルの結果です。γの値を大きくすると、分布の幅が狭い尖った形のガウス分布になり、過剰適合（過学習）が起こりやすくなる傾向があります。

> **33-01** ガウスRBFカーネル（γ＝0.1）(gausskernel_regression.ipynb)

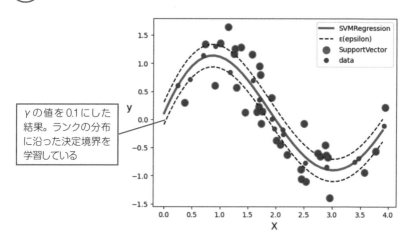

γの値を0.1にした結果。ランクの分布に沿った決定境界を学習している

データの分布に沿うように曲線が描かれています。

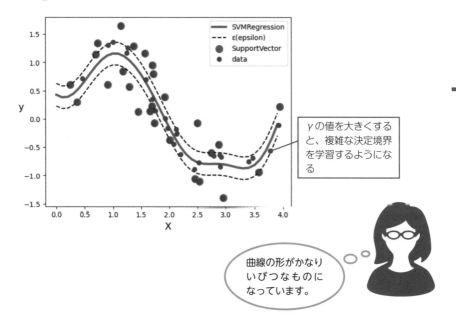

33-02 ガウスRBFカーネル（γ = 1.0）

γの値を大きくすると、複雑な決定境界を学習するようになる

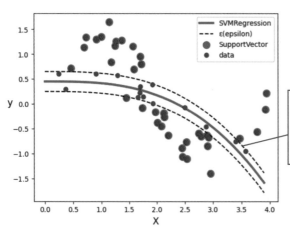

曲線の形がかなりいびつなものになっています。

3次の多項式カーネルで、同じデータを学習した結果は次図のようになりました。

33-03 多項式カーネル（3次）

3次の多項式にしたことで、決定境界が曲線になった。多項式カーネルは計算量が多く、他のカーネルよりも学習には時間がかかる

●ガウス RBF カーネルを用いて住宅価格を予測してみる

　ガウス RBF カーネルを用いた SVM 回帰で、California Housing の住宅価格の予測を行ってみます。scikit-learn の svm.SVR クラスのデフォルト値、kernel = 'rbf'、コスト値 C と不感度パラメーター ε の値、C = 1.0、epsilon = 0.1 をそのまま使って学習します。

33-04 「California Housing」の前処理 (houseprice_SVM_rbf.ipynb) (セル1)

03章136ページ「27-02」のセル1のコードを入力します。

33-05 線形サポートベクター回帰のモデルで学習 (セル2)

```
from sklearn.svm import SVR
model = SVR(kernel='rbf', epsilon=0.1, C=1.0)
model.fit(X_train_std, y_train)
```

> デフォルト値の
> kernel='rbf'
> C=1.0
> epsilon=0.1
> を使用する

33-06 学習済みモデルによる予測 (セル3)

```
from sklearn.metrics import mean_squared_error
import numpy as np
y_train_pred = model.predict(X_train_std)
y_test_pred = model.predict(X_test_std)
print('RMSE(train) : %.4f' % (
    np.sqrt(mean_squared_error(y_train, y_train_pred))))
print('RMSE(test)  : %.4f' % (
    np.sqrt(mean_squared_error(y_test, y_test_pred))))
```

●出力

```
RMSE(train) : 0.5236
RMSE(test)  : 0.5443
```

> 線形カーネルを用いたときの「0.6789」より
> 0.1346 すなわち約1万3000ドル減少した

05

決定木とアンサンブル学習

この章では、「決定木」を用いた分類モデルと予測モデルについて見ていきます。後半では複数のモデルを用いた「アンサンブル学習」の分類モデルと予測モデルについて見ていきます。

34 決定木を用いた分類モデル

決定木[*]は、**木構造** (tree structure) と呼ばれるフローチャートのような構造を使って、説明変数と目的変数の関係をモデル化します。本物の木のように太い枝から細かく枝分かれしていく構造をしていることから、このような名前が付けられています。

●決定木のアルゴリズム

決定木のモデルの入り口は条件となる部分で、木構造の頂点となることから**ルートノード** (root node) と呼びます。ルートノード以下には説明変数ごとに選択を行う子ノードが、ルートノードにぶら下がるように配置されます。

子ノードは、さらに子ノードがぶら下がるように配置されるものと、子ノードの結果のみで終わるものに分かれます。後者の、子ノードのみで終わるものを**葉ノード** (leaf node) と呼びます。

● アヤメの品種を決定木で分類する

アヤメ科アヤメ属の3品種 (setosa、versicolor、virginica) の花弁の幅と萼の長さを測定した「Iris」データセットが、scikit-learnで提供されています。

150件のデータ (レコード) があり、「sepal length (cm)：萼の長さ」、「sepal width (cm)：萼の幅」、「petal length (cm)：花弁の長さ」、「petal width (cm)：花弁の幅」の4項目の測定値が記録されています。

targetには、該当するアヤメの品種 (setosa、versicolor、virginica) に対応する「0」、「1」、「2」の離散値が格納されています。

---

[*]**決定木**　「けっていぎ」と読む。英語では「decision tree」。

	sepal length (cm)	sepal width (cm)	petal length (cm)	petal width (cm)	target
0	5.1	3.5	1.4	0.2	setosa
1	4.9	3.0	1.4	0.2	setosa
2	4.7	3.2	1.3	0.2	setosa
3	4.6	3.1	1.5	0.2	setosa
4	5.0	3.6	1.4	0.2	setosa

05

決定木とアンサンブル学習

●決定木のモデルを作成してみる

決定木を用いた分類モデルは、scikit-learnライブラリのtree.DecisionTree Classifierクラスで作成できます。

34-02 「Iris」データセットをダウンロードして決定木で分類する (decision_ tree.ipynb) (セル1)

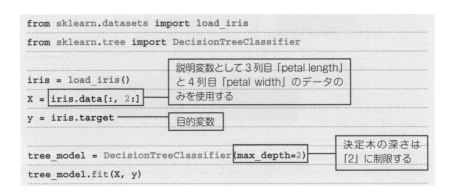

```
from sklearn.datasets import load_iris
from sklearn.tree import DecisionTreeClassifier

iris = load_iris()
X = iris.data[:, 2:]
y = iris.target

tree_model = DecisionTreeClassifier(max_depth=2)
tree_model.fit(X, y)
```

説明変数として3列目「petal length」と4列目「petal width」のデータのみを使用する

目的変数

決定木の深さは「2」に制限する

学習結果をscikit-learnライブラリのtree.plot_tree () 関数でグラフにしてみます。

```
from sklearn.tree import plot_tree
import matplotlib.pyplot as plt


plot_tree(tree_model,                          # 学習済みのモデル
          feature_names=iris.feature_names[2:], # 説明変数のタイトル
          class_names=iris.target_names,        # 正解ラベルにする品種名
          filled=True)                          # カラーで出力する
plt.show()
```

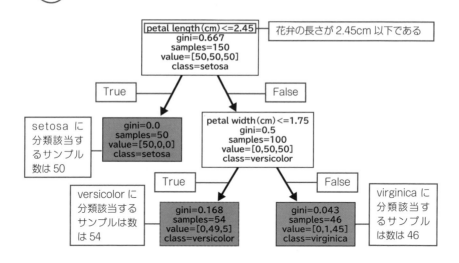

　giniとあるのは各ノードの**不純度**を示す**ジニ係数**のことであり、ノードの条件に当てはまるすべてのデータが同じクラスに属するなら、そのノードは「純粋」(gini=0)です。上の図において、深さが1の左側の子ノードに当てはまっているのは50個のデータで、そのすべてがsetosa (セトサ) 種なので、giniが0になっていることが確認できます。今回作成した決定木の深さは2です。データの散布図を作成して、決定木のモデルが分類を行った決定境界を描画してみます。

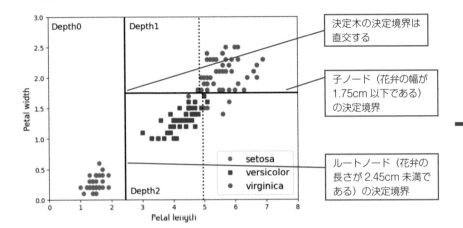

不純度 (ジニ係数) は、ノードの条件に同一のクラスが多く存在すれば値が小さくなり、逆に異なるクラスが多く存在すると値が大きくなります。決定木では、ジニ係数が最小になる最初の分割 (子ノード生成) に成功したら、次は分割後の子ノードの分割を行います。深さの上限に達するか、不純度 (ジニ係数) をこれ以上下げる分割方法が見つからなくなった時点で、分割を打ち切ります。

> Hint **ジニ係数の計算方法**
>
> ジニ係数は、次の計算式で求められます。
>
> ●ジニ係数
>
> $$G_i = 1 - \sum_{k=1}^{n} P_{i,k}^2$$
>
> $P_{i,k}$は、i番目のノードに当てはまるデータ数のうち、クラスkに属するデータ数の割合です。

●**決定木のメリット**

決定木を用いた場合には、次のようなメリットがあります。

- 欠損値をそのまま扱えるので、欠損値の補完が不要。
- 標準化や正規化などの前処理が不要。
- 結果を容易に理解できる。
- 条件分岐の様子を示すことができる。
- モデルを適用するための前提条件として、値の分布や線形・非線形などをあまり気にする必要がない。

このように、決定木には多くのメリットがありますが、一方で次の問題も存在します。

●決定木の短所
- 条件分岐が複雑になりやすく、過学習しやすい。
- データが少し変わっただけで、まったく異なる決定木が構築される。
- 最も適した決定木を構築するのが難しい。

●決定木でワインの品質分類を行う

「Wine Quality」の赤ワインの品質についての多クラス分類を、決定木のモデルで実施してみましょう。データセットは標準化を行わず、そのまま使用します。

34-06 Wine Quality（赤ワイン）のダウンロードと前処理（winequality_decisionTree.ipynb）（セル1）

```
import pandas as pd
from sklearn.model_selection import import train_test_split
# winequality-red.csvをダウンロードしてデータフレームに格納
df_wine = pd.read_csv(                                    ← 1行で記述する
    "https://archive.ics.uci.edu/ml/machine-learning-databases/wine-
quality/winequality-red.csv",
    sep=";",header=0)
X = df_wine.iloc[:,0:11].values  # 説明変数のデータをNumPy配列に格納
y = df_wine.iloc[:,-1].values    # 目的変数のデータをNumPy配列に格納
X_train, X_test, y_train, y_test = train_test_split(
    X, y, test_size=0.2, random_state=0) # 8:2の割合で分割
```

DecisionTreeClassifier クラスは、決定木の最大深度を max_depth オプションで設定できますが、何も設定しない場合は構築可能なすべてのノードを展開します。

34-07 決定木の分類モデルで学習する（セル2）

```
from sklearn.tree import DecisionTreeClassifier
# 決定木の分類モデルを作成
model = DecisionTreeClassifier(random_state=0)
model.fit(X_train, y_train)                    # 学習
```

34-08 学習データと検証データの分類結果の精度を出力（セル3）

```
from sklearn.metrics import accuracy_score
y_train_pred = model.predict(X_train) # 学習データの予測値を取得
y_test_pred = model.predict(X_test)   # 検証データの予測値を取得
print('acc_train', accuracy_score(y_train, y_train_pred)) # 学習データ
print('acc_test', accuracy_score(y_test, y_test_pred))    # 検証データ
```

●出力

```
acc_train 1.0
acc_test 0.69375
```

学習データについてはオーバーフィッティングが発生し、検証データの正解率は約0.69となりました。ガウスRBFカーネルを用いたサポートベクター分類の0.67よりは、わずかですが精度が向上しています。

なお、オーバーフィッティングを減らしたいなら、max_depth オプションを使って

DecisionTreeClassifier (max_depth=10)

のように決定木の最大深度を制限すると、正則化が行われ、オーバーフィッティングのリスクを低くすることができます。ただ、同時に過小適合のリスクが高まるので、結果を見ながら細かく調整することになります。

35 決定木を用いた予測モデル

決定木は、予測問題 (回帰) にも使えます。分類との大きな違いは、各ノードが分類先のクラスを予測するのではなく、数値を予測することです。

●決定木回帰の仕組み

次の図は、深度を3に設定した決定木のモデルを作成し、California Housingのデータを学習させた結果を、グラフに出力したところです。

35-01 深度を3に設定した決定木のモデルでCalifornia Housingのデータを学習した結果

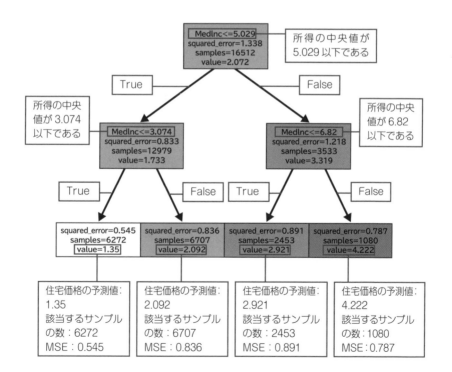

深度を極端に少ない3に制限したのでグラフ自体は見やすいですが、「MedInc（所得の中央値）」しか使われていないことをご了承ください。終端には4つの葉ノードがあり、左端の葉ノードは住宅価格の中央値（10万ドル単位）を「value=1.35」と予測していますが、この予測は、この葉ノードに達した6,272個のサンプルデータの正解値の平均になります。予測値の6,272個の正解値に対する平均二乗誤差（MSE）は0.545です。

分類モデルでは「不純度が最小」になるように子ノードでデータを分割していましたが、予測（回帰）モデルでは「MSEが最小」になるように子ノードで分割する点が異なります。

●決定木の回帰モデルで住宅価格を予測する

決定木の回帰モデルで「California Housing」の住宅価格（中央値）の予測をしてみましょう。今回は、データの標準化やデータ分布の変換（対数変換）をいっさい行わず、元データをそのまま使用します。

> **35-02** 「California Housing」のダウンロード、学習用と検証用への分割（housingprice_decision_tree.ipynb）（セル1）

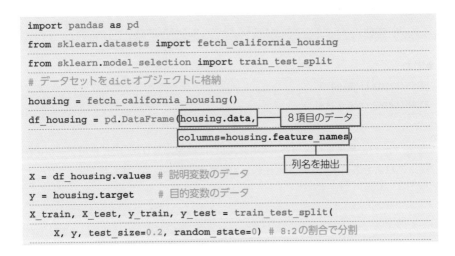

```
import pandas as pd
from sklearn.datasets import fetch_california_housing
from sklearn.model_selection import train_test_split
# データセットをdictオブジェクトに格納
housing = fetch_california_housing()
df_housing = pd.DataFrame(housing.data,          8項目のデータ
                          columns=housing.feature_names)
                                                  列名を抽出

X = df_housing.values  # 説明変数のデータ
y = housing.target     # 目的変数のデータ
X_train, X_test, y_train, y_test = train_test_split(
    X, y, test_size=0.2, random_state=0)  # 8:2の割合で分割
```

scikit-learnライブラリのtree.DecisionTreeRegressorクラスは、決定木の最大深度をmax_depthオプションで設定できますが、何も設定しない場合は構築可能なすべてのノードを展開します。

35-03　決定木の予測モデルで学習する（セル2）

```
from sklearn.tree import DecisionTreeRegressor
model = DecisionTreeRegressor() # 決定木回帰モデルを生成
model.fit(X_train, y_train)      # 学習開始
```

35-04　学習済みモデルによる予測（セル3）

```
from sklearn.metrics import mean_squared_error
import numpy as np

y_train_pred = model.predict(X_train) # 学習データの予測値
y_test_pred = model.predict(X_test)   # 検証データの予測値
print('RMSE(train): %.4f' %(
    np.sqrt(mean_squared_error(y_train, y_train_pred))))
print('RMSE(test) : %.4f' %(
    np.sqrt(mean_squared_error(y_test, y_test_pred))))
```

●出力

```
RMSE(train): 0.0000
RMSE(test) : 0.7249
```

学習データに極度にフィット（過剰適合）した結果になりました。検証データの誤差も、これまでの各手法の結果と比較して最も大きな値になりました。

36 ランダムフォレストを用いた分類モデル

ランダムフォレストは、決定木を大量に作成し、多数決によって分類や予測を行います。

●決定木によるアンサンブル学習を行うランダムフォレスト

これまで、1つのモデルを用いた分類や予測について見てきました。機械学習には、複数のモデルで同時に学習し、分類の場合は「多数決」、予測の場合は「平均値」をとることでより精度を高めるための試みとして、**アンサンブル学習**と呼ばれる手法があります。

ランダムフォレスト (random forests) は、モデルを決定木に限定し、決定木を大量に作成して同時に学習を行います。分類問題の場合は、決定木が出力した値 (分類先のクラスを示す離散値) を集計し、多数決をとることで、最も多かった分類先を採用します。

36-01　ランダムフォレストのイメージ

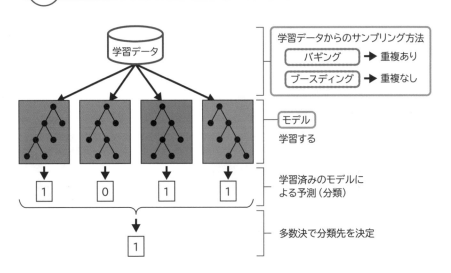

●ランダムフォレストでワインの品質を分類してみる

次の図は、決定木のモデルならびに500本の決定木によるランダムフォレストの
モデルで二値分類を行い、分類境界 (決定境界) を散布図上に描画したものです。

36-02　決定木

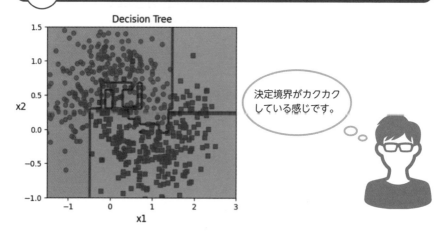

決定境界がカクカク
している感じです。

36-03　500本の決定木によるランダムフォレスト

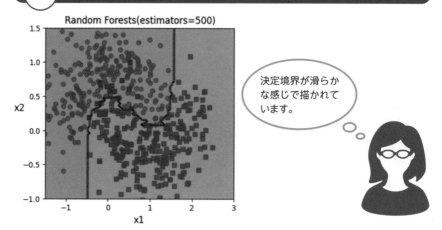

決定境界が滑らか
な感じで描かれて
います。

「Wine Quality」の赤ワインの品質についての多クラス分類を、ランダムフォレス
トのモデルで実施してみましょう。

36-04 Wine Quality (赤ワイン) のダウンロードと前処理 (winequality_ randomforests.ipynb) (セル1)

「決定木でワインの品質分類を行う」(本文184ページ「34-06」) のセル1の
コードを入力します。

sklearn.ensemble.RandomForestClassifier クラスのn_estimatorsオプション
で、決定木を500本にして学習させてみます。

36-05 ランダムフォレストの分類モデルで学習する (セル2)

```
from sklearn.ensemble import RandomForestClassifier

# ランダムフォレスト分類のモデルを作成
model = RandomForestClassifier(n_estimators=500, random_state=0)
# モデルの訓練 (学習)                   │
model.fit(X_train, y_train)      決定木を500本作成する
```

36-06 学習データと検証データの分類結果の精度を出力 (セル3)

```
from sklearn.metrics import accuracy_score
y_train_pred = model.predict(X_train) # 学習データの予測値を取得
y_test_pred = model.predict(X_test)   # 検証データの予測値を取得
print('acc_train', accuracy_score(y_train, y_train_pred)) # 学習データ
print('acc_test', accuracy_score(y_test, y_test_pred))    # 検証データ
```

●出力

```
acc_train 1.0
acc_test 0.725
```

学習データについてはオーバーフィッティングが発生していますが、検証データの
正解率は0.725となりました。これまでのサポートベクターマシン、決定木と比較し
て、最も高い精度です。

ランダムフォレストを用いた予測モデル

ランダムフォレストは決定木のモデルなので、回帰モデルを作成して予測問題に対応することができます。

●ランダムフォレストの回帰モデルで住宅価格を予測する

ランダムフォレスト回帰モデルを作成し、「California Housing」の住宅価格（地区ごとの中央値）を予測してみましょう。

37-01 「California Housing」のダウンロード、学習用と検証用への分割
(housingprice_randomforests.ipynb)（セル1）

```python
import pandas as pd
from sklearn.datasets import fetch_california_housing
from sklearn.model_selection import train_test_split
# データセットをNumPy配列を要素とするdictオブジェクトに格納
housing = fetch_california_housing()
df_housing = pd.DataFrame(housing.data,
                          columns=housing.feature_names)
X = df_housing.values # 説明変数のデータ
y = housing.target    # 目的変数のデータ
# 8:2の割合で分割
X_train, X_test, y_train, y_test = train_test_split(
    X, y, test_size=0.2, random_state=0)
```

scikit-learnのensemble.RandomForestRegressorで、ランダムフォレスト回帰による予測モデルを作成することができます。

37-02 ランダムフォレスト回帰モデルの学習（セル2）

```
from sklearn.ensemble import RandomForestRegressor
```

決定木を500本作成します

```
model = RandomForestRegressor(n_estimators=500, random_state=1)
model.fit(X_train, y_train)  # 学習を開始
```

37-03 学習済みモデルによる予測（セル3）

```
from sklearn.metrics import mean_squared_error
import numpy as np


y_train_pred = model.predict(X_train)  # 学習データの予測値
y_test_pred = model.predict(X_test)    # 検証データの予測値
print('RMSE(train): %.4f' %(
    np.sqrt(mean_squared_error(y_train, y_train_pred))))
print('RMSE(test) : %.4f' %(
    np.sqrt(mean_squared_error(y_test, y_test_pred))))
```

●出力

```
RMSE(train): 0.1862
RMSE(test) : 0.5099
```

　学習データの誤差は約1万8千ドル、検証データの誤差は約5万ドルまで減少しました。

38 勾配ブースティング回帰木 （GBRT）

　決定木を用いたアンサンブルの手法として、すべての決定木の結果の多数決や平均を求めるのではなく、決定木1→決定木2→決定木3でそれぞれ直前の予測誤差を学習する**勾配ブースティング**と呼ばれる手法があります。ここでは、予測問題（回帰）に用いられる**勾配ブースティング回帰木（GBRT）**について見ていきます。

●勾配ブースティングの仕組み

　勾配ブースティングは、「弱い予測器➡強い予測器➡さらに強い予測器」のように複数の予測器（ここでは決定木と考えてください）を用意し、逐次的に学習することで、「直前の予測器の修正」を試みます。

38-01 3本の決定木を用いた勾配ブースティングによる学習

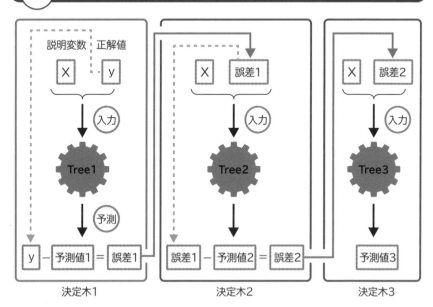

例として、3本の決定木を配置したモデルにしています。第1の決定木ではデータXと正解値yを入力して学習し、予測 (または分類) を行います。第2の決定木では、データXならびに正解値として第1の決定木の誤差を入力して学習します。第3の決定木では第2の決定木の予測の誤差を入力して学習します。このように勾配ブースティングでは、1番目の決定木以外は「直前の決定木の予測誤差を入力して学習する」のがポイントです。

学習後のモデルで予測を行う際は、各決定木に未知のデータXを入力し、その出力結果 (予測値) の合計を求めることで「アンサンブル」を行って、未知のデータに対する予測を行います。

38-02　勾配ブースティングにおけるアンサンブル

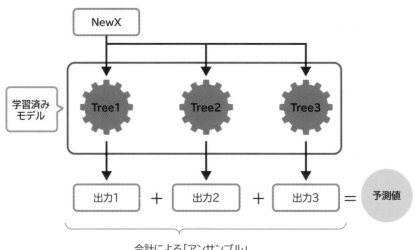

合計による「アンサンブル」

●勾配ブースティングにおける決定木の数

勾配ブースティングでは、生成する決定木の数を多くすれば学習データにいっそうフィットしたものになりますが、数が多すぎるとオーバーフィッティングを起こしてしまいます。

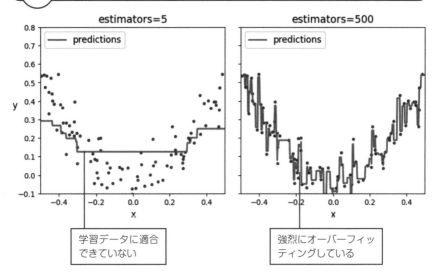

estimators=5

— predictions

estimators=500

— predictions

学習データに適合
できていない

強烈にオーバーフィッ
ティングしている

　勾配ブースティング回帰木 (GBRT) のモデルは、scikit-learnライブラリの

　ensemble.GradientBoostingRegressorクラス

で作成でき、勾配ブースティング決定木 (GBDT) のモデルは、同じくscikit-learnラ
イブラリの

　ensemble.GradientBoostingClassifierクラス

で作成できます。どちらも、決定木の数はデフォルトでn_estimators = 100が設定
されています。あと、learning_rateオプションで「学習率」を設定できます。学習率
は個々の決定木の影響力を調整するためのハイパーパラメーターであり、0.1などの
小さな値に設定すると、学習データへのフィッティングを弱める効果が見込めます。
デフォルトでlearning_rate = 0.1が設定されています。

●勾配ブースティング回帰木で住宅価格を予測する

　勾配ブースティング回帰木 (GBRT) のモデルを作成し、「California Housing」の
住宅価格 (地区ごとの中央値) を予測してみましょう。

38-04　「California Housing」のダウンロード、学習用と検証用への分割 (housingprice_GradientBoosting.ipynb) (セル1)

「決定木の回帰モデルで住宅価格を予測する」(187ページ「35-02」) のコード
を入力します。

scikit-learnのensemble.GradientBoostingRegressorを利用します。

38-05　勾配ブースティング回帰木 (GBRT) モデルの学習 (セル2)

```
from sklearn.ensemble import GradientBoostingRegressor
model = GradientBoostingRegressor(
    learning_rate=0.5, n_estimators=100, max_depth=3, random_state=1)
```

learning_rate=0.5	n_estimators=100	max_depth=3
学習率をデフォルト値より大きい0.5にする	決定木の数はデフォルト値の100	決定木の最大深度は3

```
model.fit(X_train, y_train) # 学習を開始
```

38-06　学習済みモデルによる予測 (セル3)

```
from sklearn.metrics import mean_squared_error
import numpy as np
y_train_pred = model.predict(X_train)  # 学習データの予測値
y_test_pred = model.predict(X_test)    # 検証データの予測値
print('RMSE(train): %.4f' %(
    np.sqrt(mean_squared_error(y_train, y_train_pred))))
print('RMSE(test) : %.4f' %(
    np.sqrt(mean_squared_error(y_test, y_test_pred))))
```

●出力

```
RMSE(train): 0.4273
RMSE(test) : 0.4859
```

学習時の誤差は約4万2千ドル、検証時の誤差は約4万8千ドルまで減少しました。

勾配ブースティングを用いた分類モデルである**勾配ブースティング決定木（GBDT）**について見ていきます。

●勾配ブースティング決定木（GBDT）でワインの品質を分類

「Wine Quality」の赤ワインの品質についての多クラス分類を、決定木の数を500に設定した勾配ブースティング決定木のモデルで実施してみましょう。データセットは、標準化を行わずにそのまま使用します。

> **39-01** Wine Quality（赤ワイン）のダウンロードと前処理（winequality_GradientBoosting.ipynb）（セル1）

> 「決定木でワインの品質分類を行う」（184ページ「34-06」）のセル1のコードを入力します。

勾配ブースティング決定木のモデルを生成するsklearn.ensemble.GradientBoostingClassifierクラスを使用して学習させてみます。subsampleオプションで学習データの利用割合を指定すると、確率的勾配降下法を実施することができます。

Point 決定木モデルを生成するクラス

scikit-learnライブラリの次のクラスで生成します。

- ・sklearn.ensemble.GradientBoostingRegressor
  勾配ブースティング回帰木モデルを生成するクラスです。
- ・sklearn.ensemble.GradientBoostingClassifier
  勾配ブースティング決定木モデル（分類）を生成するクラスです。

ここでは、学習データの50%をランダムサンプリングして学習するようにしました。

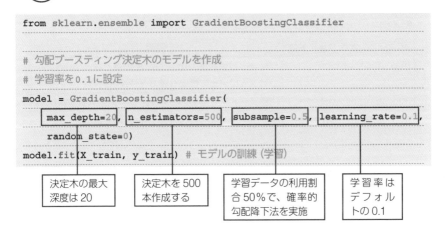

39-02　勾配ブースティング決定木 (GBDT) モデルで学習する (セル2)

```python
from sklearn.ensemble import GradientBoostingClassifier

# 勾配ブースティング決定木のモデルを作成
# 学習率を0.1に設定
model = GradientBoostingClassifier(
    max_depth=20, n_estimators=500, subsample=0.5, learning_rate=0.1,
    random_state=0)
model.fit(X_train, y_train) # モデルの訓練 (学習)
```

| 決定木の最大深度は20 | 決定木を500本作成する | 学習データの利用割合50%で、確率的勾配降下法を実施 | 学習率はデフォルトの0.1 |

39-03　学習データと検証データの分類結果の精度を出力 (セル3)

```python
from sklearn.metrics import accuracy_score
y_train_pred = model.predict(X_train) # 学習データの予測値を取得
y_test_pred = model.predict(X_test)   # 検証データの予測値を取得
print('acc_train', accuracy_score(y_train, y_train_pred)) # 学習データ
print('acc_test', accuracy_score(y_test, y_test_pred))    # 検証データ
```

●出力

```
acc_train 0.9929632525410477
acc_test 0.74375
```

　学習データについてはオーバーフィッティングが発生していますが、検証データの正解率は0. 74375まで上昇しました。

sklearn.tree.DecisionTreeClassifier クラス

決定木の分類モデルを生成する scikit-learn の sklearn.tree.DecisionTreeClassifier クラスでは、コンストラクター内でオプションの設定が可能です。

●DecisionTreeClassifier() でモデルを生成する際に設定可能なオプション (一部抜粋)

オプションとデフォルト値	説明
max_depth=None	ツリーの最大深度 (int)。Noneの場合は、内部のアルゴリズムによって最適な深度が決定される。
min_samples_split=2	内部ノードを分割するために必要なサンプルの最小数。
min_samples_leaf=1	リーフノードに必要なサンプルの最小数。

06

ディープラーニング

ディープラーニングの代表的な手法として、「ニューラル
ネットワーク」、「畳み込みニューラルネットワーク」におけ
る分類モデルについて見ていきます。

　章の最後では、分類問題の進化版である「物体検出」につ
いて紹介します。

40 ニューラルネットワーク

機械学習における**ディープラーニング** (deep learning) は**深層学習**ともいい、モデルの構造を多層化した**ニューラルネットワーク**で学習することを指します。ニューラルネットワークは、画像や音声、自然言語などを対象とした認識・検出などの諸問題に広く使われていますが、予測問題 (回帰) にも対応する、汎化性能に優れたモデルです。

●単純パーセプトロン

ニューラルネットワークを簡潔に表現すると、「人工ニューロンというプログラム上の構造物をつないでネットワークにしたモデル」です。

動物の脳は、**ニューロン**と呼ばれる神経細胞をつなぐ巨大なネットワークで構成されます。ニューロンの機能は、何らかの刺激 (電気的な信号) が入力された場合にこれに対応する活動電位を発生させ、他の神経細胞に情報を伝達することです。1つのニューロンに複数のニューロンから入力したり、信号を発生させる閾値を変化させたりすることで、情報の伝達を細かくコントロールします。

40-01 神経細胞 (ニューロン) の構造図

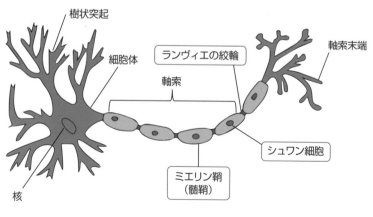

1つのニューロンは比較的単純な振る舞いをしますが、膨大な数のニューロンが結び付いた巨大なネットワークによって、高度で複雑な処理が実現されます。

● **ニューロンをコンピューター上で表現した単純パーセプトロン**

　神経細胞 (ニューロン) をコンピューター上で表現できないものかと考案されたのが、**人工ニューロン**です。単体 (1個) の人工ニューロンは**単純パーセプトロン**と呼ばれます。

　人工ニューロンは他の (複数の) ニューロンからの信号を受け取り、内部で変換処理 (活性化関数の適用) をして、他のニューロンに向けて信号を出力します。

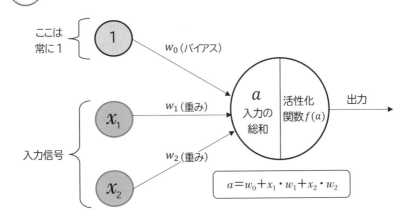

40-02 人工ニューロン (単純パーセプトロン)

　神経細胞のニューロンは、何らかの刺激が電気的な信号として入ってくると、これに対応した**活動電位**を発生させる仕組みになっています。活動電位は、いわゆる「ニューロンが発火する」という状態を作るためのもので、「活動電位にするかしないかを決める境界」つまり**閾値**を変化させることで、発火する／しない状態にします。

　人工ニューロンでは、このような仕組みを実現する手段として、他のニューロンからの信号 (上図のx_1、x_2) に「重み」(図のw_1、w_2) を適用 (プログラムで掛け算) し、「重みを通した入力信号 (およびバイアスw_0) の総和」($a = w_0 + x_1 \cdot w_1 + x_2 \cdot w_2$) に活性化関数 (図の$f(a)$) を適用することで、「発火／発火しない」信号を出力します。

単純パーセプトロンの基本動作は、

入力信号 ➡ 重み、バイアスの適用 ➡ 活性化関数 ➡ 出力 (発火する／しない)

という流れを作ることです。

　発火するかどうかは「活性化関数の出力」によって決定されるので、やみくもに発火せず、正しいときにのみ発火するように、信号の入力側に重み、バイアスという調整値 (係数) が付いています。バイアスとは「重みだけを入力するための値」のことであり、他の入力信号の総和が0または0に近い小さな値になるのを防ぐ、「底上げ」としての役目を持ちます。

●ニューラルネットワーク (多層パーセプトロン)

　単純パーセプトロンの動作の決め手は**重み**、**バイアス**と**活性化関数**です。活性化関数には、「一定の閾値を超えると発火する」、「発火ではなく『発火の確率』を出力する」といった様々なものがあります。一方、重みとバイアスについては、プログラム側で初期値を設定し、適切な値を探すことになります。

　ニューラルネットワークは、単純パーセプトロンを複数つないだ層構造になるので、別名、**多層パーセプトロン (MLP*)** と呼ばれます。複数をつないで構造を複雑化するのは、最終出力を適切なものにするためです。次ページの図は、2層構造の多層パーセプトロンの概念図です。入力層は入力データなので層としてはカウントされません (便宜上、第0層と呼ぶことがあります)。

　画像を分類することを考えた場合、入力層は入力データのグループです。例えば28×28ピクセルの画像データを入力する場合は、28×28＝784個 (画素) のデータが並ぶことになります。これまでの説明変数の考え方をすると、1つのデータについて784の説明変数がある、と考えることができます。これに接続されるニューロン (単純パーセプトロン) のグループが第1層となり、**隠れ層**と呼ばれることがあります。図では、第1層に第2層 (出力層) の2個のニューロンが接続されているので、ニューラルネットワークに入力した画像を2個のクラスに分類する二値分類を想定していることになります。

***MLP**　Multilayer Perceptronの略。

実際の二値分類では、出力層のニューロンを1個にして「発火する(1)／しない(0)」で分類することになりますが、ここでは話をわかりやすくするため、出力層を2個のニューロンにして話を進めます。

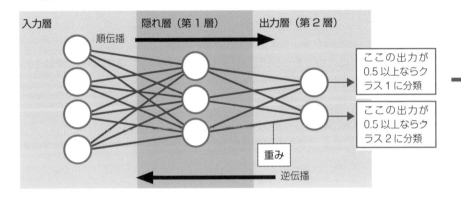

　上段のニューロンが発火した場合は画像が「イヌ」、下段のニューロンが発火した場合は画像が「ネコ」のものだと判定することにしましょう。発火する閾値は0.5にし、0.5以上であれば発火として扱います。一方、活性化関数はどんな値を入力しても0か1、もしくは0.0〜1.0の範囲に収まる値を出力するので、イヌの画像であれば上段のニューロンが発火すれば正解、ネコの画像であれば下段のニューロンが発火すれば正解です。

　とはいえ、重みとバイアスの初期値はランダムに決めるしかないので、上段のニューロンが発火してほしい(イヌに分類してほしい)のに0.1と出力され、逆に下段のニューロンが0.9になったりします。そこで、順方向への値の伝播で上段のニューロンが出力した0.1と正解の0.5以上の値との誤差を求め、この誤差がなくなるように、出力層に接続されている重みとバイアスの値を修正します。さらに、修正した重みに対応するように、隠れ層に接続されている重みとバイアスの値を修正します。出力するときとは反対の方向に向かって、誤差をなくすように重みとバイアスの値を計算していくことから、このことを専門用語で**誤差逆伝播(バックプロパゲーション)**と呼びます。

●活性化関数

「人工ニューロン（単純パーセプトロン）」の図では、入力側に○で囲まれた1、x_1、x_2があり、単純パーセプトロンに向かって矢印が伸びています。矢印の途中には、入力値に適応するための「重み」w_0、w_1、w_2があります。これは、入力の総和：

$$a = w_0 + w_1 x_1 + w_2 x_2$$

が活性化関数に入力されることを示しています。なお、x_1にもx_2にもリンクされていない重みw_0はどの入力にもリンクされないバイアスなので、入力側には便宜上、1が置かれます。

●分類問題の活性化関数

次に示すのは、「重みベクトルwを使って、未知のデータxに対する出力値を求める関数」です。

・重みベクトルwを使ってxに対する出力値を求める

$$f_w(x) = {}^{t}wx^{*}$$

分類問題では、活性化関数として予測の信頼度を出力することが求められます。信頼度は0.0〜1.0の確率で表すことになるので、出力値を0から1に押し込めてしまう関数を用意します。パラメーターとしてのバイアス、重みをベクトルwで表すと、この関数は次のようになります。

・シグモイド関数（ロジスティック関数）

$$f_w(x) = \frac{1}{1 + \exp(-{}^{t}wx)}$$

---

*${}^{t}wx$　ベクトルや行列の転置はw^tや$w^\top$のように表すことが多いが、本書では添え字を多用するため、右上ではなく${}^{t}w$のように左上に表記した。

この関数を**シグモイド関数**または**ロジスティック関数**と呼びます。${}^t\boldsymbol{w}$はパラメーター（重み、バイアス）のベクトルを転置した行ベクトル、xは要素数nのベクトルです。expは**指数関数**で、exp (x) はe^xのことを表します。

●シグモイド関数の実装

NumPyにはネイピア数を底とした指数関数exp()があるので、シグモイド関数の実装は簡単です。

●シグモイド関数の実装例

```
def sigmoid(x):
    return 1 / (1 + np.exp(-x))
```

np.exp ($-\boldsymbol{x}$) が数式のexp ($-{}^t\boldsymbol{w}\boldsymbol{x}$) に対応するので、sigmoid()のパラメーター**x**には、${}^t\boldsymbol{w}\boldsymbol{x}$の結果を配列として渡すようにします。次図は、−5.0から5.0までを0.01刻みにした等差数列をシグモイド関数に入力し、その出力をグラフにしたところです。

40-04 **シグモイド関数のグラフ (sigmoid_ReLU.ipynb)**

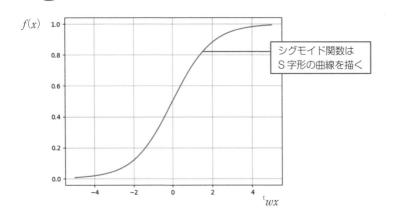

シグモイド関数は
S字形の曲線を描く

${}^t\boldsymbol{w}\boldsymbol{x}$の値を変化させると、$f_w(\boldsymbol{x})$ の値は0から1に向かって滑らかに上昇していくので、$0 < f_w(\boldsymbol{x}) < 1$と表せます。${}^t\boldsymbol{w}\boldsymbol{x} = 0$では$f_w(\boldsymbol{x}) = 0.5$になります。

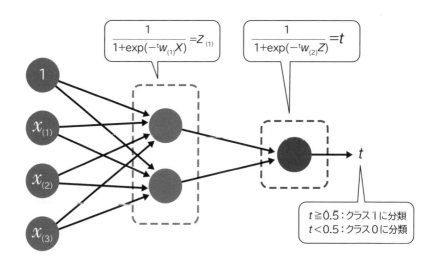

●ReLU関数

S字型の曲線を描くシグモイド関数は、生物学的なニューロンの動作をよく表していることから活性化関数として利用されてきましたが、近年、シグモイド関数に代わる活性化関数として**ReLU[*]関数（正規化線形関数）**が用いられるようになりました。

ReLU関数は、入力値が0以下のとき0になり、0より大きいときは入力をそのまま出力するだけなので、計算が速く、学習効果が高いといわれています。

• ReLU関数の実装例

```
def relu(x):
    return np.maximum(0, x)
```

＊ReLU Rectified Linear Unit の略。

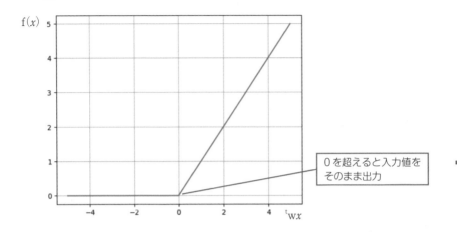

0を超えると入力値を
そのまま出力

● ソフトマックス関数

　ソフトマックス関数は多クラス分類の出力層で用いられる活性化関数で、各クラスの確率として0から1.0の間の実数を出力します。出力した確率の総和は1になります。例えば、3つのクラスがあり、1番目が0.26、2番目が0.714、3番目が0.026だったとします。この場合、「1番目のクラスが正解である確率は26%、2番目のクラスは71.4%、3番目のクラスは2.6%である」というように、確率的な解釈ができます。

• ソフトマックス関数

$$y_i = \frac{\exp(x_i)}{\displaystyle\sum_{k=1}^{n} \exp(x_k)}$$

　$\exp(x)$は、e^xを表す指数関数です。eは、2.7182...のネイピア数です。この式は、出力層のニューロンが全部でn個（クラスの数n）あるとして、i番目の出力y_iを求めることを示しています。ソフトマックス関数の分子は入力信号x_iの指数関数、分母はすべての入力信号の指数関数の和になります。

・ソフトマックス関数の実装例

```
def softmax(self, x):
    c = np.max(x) # xの最大値を取得
    exp_x = np.exp(x - c) # オーバーフロー対策
    sum_exp_x = np.sum(exp_x)
    y = exp_x / sum_exp_x
    return y
```

ソフトマックス関数では指数関数の計算を行うことになりますが、その際に指数関数の値が大きな値になります。例えば、c^{100}は0が40個以上も並ぶ大きな値になり、コンピューターのオーバーフローの問題で無限大を表すinfが返ってきます。

そこで、ソフトマックスの指数関数の計算を行う際は、「何らかの定数を足し算または引き算しても結果は変わらない」という特性を生かして、オーバーフロー対策を行います。

40-07 3クラス分類のMLPにおける順伝播（順方向への出力）の例

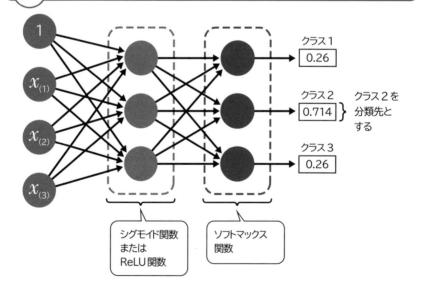

具体的には、入力信号の中で最大の値を取得し、これを

exp_x＝np.exp（x－最大値）

のように引き算することで、正しく計算できるようになります。

●MLPの損失関数

多層パーセプトロン（MLP）における出力値の誤差を測定する損失関数には、**交差エントロピー誤差関数**が用いられます。

●シグモイド関数を用いる場合の損失関数

シグモイド関数を活性化関数にした場合、出力と正解値との誤差を最小にするための損失関数として、「交差エントロピー誤差関数」が用いられます。交差エントロピー誤差を $E(w)$ とした場合、シグモイド関数を用いる場合の交差エントロピー誤差関数は次の式で表されます。

・シグモイド関数を用いる場合の交差エントロピー誤差関数

$$E(\boldsymbol{w}) = -\sum_{i=1}^{n} (t_i \log f(x_i) + (1-t_i) \log (1-f(x_i)))$$

ここで求める誤差 $E(\boldsymbol{w})$ は、「最適な状態からどのくらい誤差があるのか」を表していることになります。

●ソフトマックス関数を用いるときの交差エントロピー誤差関数

多クラス分類の活性化関数として用いられるソフトマックス関数について、次のように定義します。t番目の正解ラベル（分類先のクラス）をt、tに相当する出力を$o^{(t)}$とし、ニューロンへの入力値をuと表しています。cは分類先のn個のクラスを表す離散値です。

・ソフトマックス関数

$$O^{(t)} = \frac{\exp(u^{(t)})}{\sum_{c=1}^{n} \exp(u_c)}$$

ソフトマックスを用いる場合の交差エントロピー誤差関数は、次のようになります。交差エントロピー誤差関数をE、t番目の正解ラベルを$t^{(t)}$、$t^{(t)}$に相当する出力を$o^{(t)}$としています。cは分類先のn個のクラスのc番目を表す変数です。

・ソフトマックス関数を用いる場合の交差エントロピー誤差関数

$$E=-\sum_{c=1}^{n}t_c^{(t)}\log o_c^{(t)}$$

●重みの更新式

交差エントロピー誤差を最小化するには、「重み(w)で偏微分して0になる値」を求めなければならないので、反復学習により、パラメーターを逐次的に更新する**勾配降下法**が用いられます。途中経過は省略しますが、最終的に出力層の重み(パラメーター)の更新式は次のようになります。

●出力層の重み$w_{(j)i}^{(L)}$の更新式

$$w_{(j)i}^{(L)}:=w_{(j)i}^{(L)}-\eta\left(\left(o_j^{(L)}-t_j\right)f'\left(u_j^{(L)}\right)o_i^{(L-1)}\right)$$

$w_{(j)i}^{(L)}$は出力層(L)のj番目のニューロンにリンクする重み、iは1つ前の層のリンク元のニューロン番号です。出力層(L)のj番目のニューロンの「出力値」を$o_j^{(L)}$とし、これに対応するj番目の正解ラベル(分類先のクラス)をt_jとしています。$u_j^{(L)}$は出力層(L)のj番目のニューロンへの「入力値」を示します。

$f'\left(u_j^{(L)}\right)$は、活性化関数$f\left(u_j^{(L)}\right)$の導関数ですので、活性化関数がシグモイド関数またはソフトマックス関数の場合は、

$$f'(x)=(1-f(x))f(x)$$

になります。

先の重みの更新式には「出力層の」という注釈が付いていましたが、誤差を測定するための正解ラベルt_jが出力層にしか存在しないためです。ここで、簡単にするために式の一部を

$$\left(o_j^{(L)}-t_j\right)f'\left(u_j^{(L)}\right)=\delta_j^{(L)}$$

のように δ（デルタ）の記号で置き換えて、出力層以外も含めてすべての層の重みの更新式として次のようにします。

● 重み $w_{(j)i}^{(L)}$ の更新式

$$w_{(j)i}^{(L)}:=w_{(j)i}^{(L)}-\eta\left(\delta_j^{(L)}o_i^{(L-1)}\right)$$

　そうすると、$\delta_j^{(L)}$ の部分を、出力層の場合とそれ以外の層の場合とで、次のように分けて定義することができます。

● $\delta_i^{(l)}$ の定義を場合分けする（⊙は行列のアダマール積を示す）
・lが出力層のとき

$$\delta_i^{(l)}=\left(o_i^{(l)}-t_i\right)\odot\left(1-f\left(u_i^{(l)}\right)\right)\odot f\left(u_i^{(l)}\right)$$

・lが出力層以外の層のとき

$$\delta_i^{(l)}=\left(\sum_{j=1}^{n}\delta_j^{(l+1)}w_{(j)i}^{(l+1)}\right)\odot\left(1-f\left(u_i^{(l)}\right)\right)\odot f\left(u_i^{(l)}\right)$$

　出力層の誤差を求める $\left(o_i^{(l)}-t_i\right)$ の部分が、出力層以外では直後の層についての

$$\left(\sum_{j=1}^{n}\delta_j^{(l+1)}w_{(j)i}^{(l+1)}\right)$$

の計算に置き換えられています。
　このように、出力層から順に誤差を測定し、層を遡って重みの値を更新していく処理のことを、誤差逆伝播（バックプロパゲーション）と呼びます。

第0層
（入力層）

第1層
（隠れ層）

第2層
（出力層）

$$w_{(j)i}^{(L)} := w_{(j)i}^{(L)} - \eta \left(\delta_j^{(L)} o_i^{(L-1)} \right)$$

$$\left(\delta_i^{(l)} = \left(o_i^{(l)} - t_i \right) \odot \left(1 - f(u_i^{(l)}) \right) \odot f(u_i^{(l)}) \right)$$

$$w_{(j)i}^{(L)} := w_{(j)i}^{(L)} - \eta \left(\delta_j^{(L)} o_i^{(L-1)} \right)$$

$$\left(\delta_i^{(l)} = \left(\sum_{j=1}^{n} \delta_j^{(l+1)} w_{(j)i}^{(l+1)} \right) \odot \left(1 - f(u_i^{(l)}) \right) \odot f(u_i^{(l)}) \right)$$

Point アダマール積

　アダマール積は、同じサイズの行列に対して成分（要素）ごとに積をとることで求める、行列の積の一種です。

41 MLP（多層パーセプトロン）に よる画像分類

ディープラーニングの教材として、Tシャツ、スニーカー、シャツ、コートなどの写真を収録した**Fashion-MNIST**というデータセットがあります。TensorFlowライブラリから簡単にダウンロードできるので、これを使ってMLPによる画像分類を行ってみることにします。

●Fashion-MNISTデータセット

「Fashin-MNIST（ファッション・エムニスト）」データセットには、10種類のファッションアイテムのモノクロ画像（28×28ピクセル）が、学習用として60,000枚、検証用として10,000枚収録されています。10種類のアイテムにはそれぞれ0〜9のラベルが割り当てられています。

●正解ラベルとファッションアイテムの対応表

正解ラベル	アイテム	正解ラベル	アイテム
0	Tシャツ/トップス	6	シャツ
1	パンツ	7	スニーカー
2	プルオーバー	8	バッグ
3	ドレス	9	ブーツ
4	コート		
5	サンダル		

画像の下にア
イテム名を出
力するように
している

28×28ピクセルの小さいサイ
ズの画像なので、画質がかなり
粗くなっていますが、個々のア
イテムは識別できます。

●Fashion-MNISTのモデルを作成する

Fashion-MNISTデータセットの画像データは（28行，28列）の2次元配列なので、これを多層パーセプトロンのモデルに入力できるように（, 784）の形状の1次元配列に変換します。続いて、画像のグレースケールのピクセル値は0〜255の範囲なので、これを255で割って0.0〜1.0の範囲に収まるようにスケーリングを行います。

41-02 データセットの読み込みと前処理（fashion_mnist_MLP.ipynb）（セル1）

```python
from tensorflow.keras.datasets import fashion_mnist

# Fashion-MNISTデータセットの読み込み
(x_train, y_train), (x_test, y_test) = fashion_mnist.load_data()
# （データ数,28,28）の画像データを（データ数,784）の形状に変換
x_train = x_train.reshape(-1, 784)
x_test = x_test.reshape(-1, 784)
# 画像のピクセル値を255で割って0.0〜1.0の範囲にスケーリング
x_train = x_train.astype('float32') / 255
x_test = x_test.astype('float32') / 255
```

2層構造の多層パーセプトロンのモデルを作成します。第1層に300個のニューロン、第2層は出力層なのでクラスの数と同じ10個のニューロンを配置します。

41-03 多層パーセプトロンのモデルを作成（セル2）

```python
from tensorflow.keras.models import Sequential
from tensorflow.keras.layers import Dense
```

活性化関数は ReLU

```python
model = Sequential() # モデルの基盤を作成
model.add(Dense(300, input_dim=784, activation='relu'))
```

ニューロンの数は 300　　　　入力するベクトルの次元は 784

```python
model.add(Dense(10, activation='softmax'))
```

ニューロンの数は 10　　　活性化関数はソフトマックス

●モデルをコンパイルする

続いて、**コンパイル**という処理を行って学習の準備をします。このとき、損失関数の種類と勾配降下法に用いるアルゴリズムとして、正解ラベルのOne-Hotエンコーディングが不要になる

sparse_categorical_crossentropy（スパース行列対応交差エントロピー誤差）

を指定します。これを用いると、正解ラベルを[0,0,0,0,0,0,0,0,0,1]のようなOne-Hot表現に変換しなくても、そのまま使うことができます。確率的勾配降下法は、SGD（Stochastic Gradient Descent）と記述することで指定します。

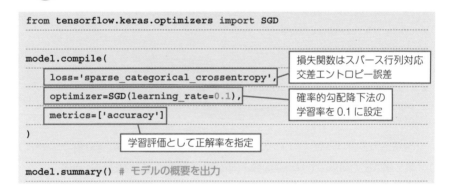

41-04 多層パーセプトロンのモデルをコンパイル（セル3）

```
from tensorflow.keras.optimizers import SGD

model.compile(
    loss='sparse_categorical_crossentropy',
    optimizer=SGD(learning_rate=0.1),
    metrics=['accuracy']
)

model.summary() # モデルの概要を出力
```

損失関数はスパース行列対応
交差エントロピー誤差

確率的勾配降下法の
学習率を0.1に設定

学習評価として正解率を指定

●出力されたモデルの概要

```
Model: "sequential"


Layer (type)                    Output Shape                Param #
=================================================================
dense (Dense)                   (None, 300)                 235500
dense_1 (Dense)                 (None, 10)                  3010
=================================================================
Total params: 238,510
Trainable params: 238,510
Non-trainable params: 0
```

第1層 (ニューロン数300個) は、784×300個の重みと300個のバイアスを持つため、合計235,500個のパラメーターが設定されています。出力層は (ニューロン数10個) は、300×10個の重みと10個のバイアスから、合計3,010個のパラメーターが設定されています。

41-05 2層構造の多層パーセプトロン

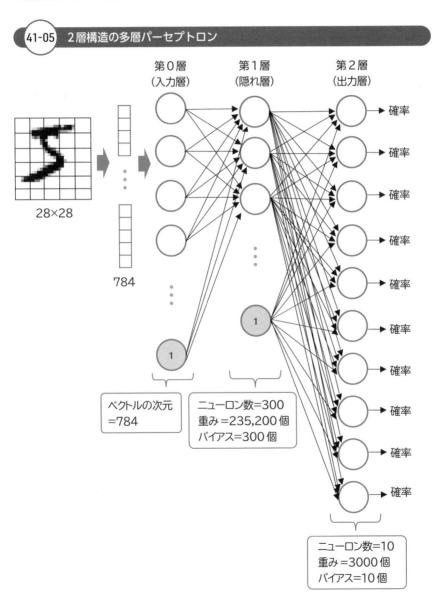

第0層
（入力層）

第1層
（隠れ層）

第2層
（出力層）

確率

確率

確率

確率

確率

確率

確率

確率

確率

確率

28×28

784

1

1

ベクトルの次元
=784

ニューロン数=300
重み=235,200個
バイアス=300個

ニューロン数=10
重み=3000個
バイアス=10個

●多層パーセプトロンのモデルで学習する

モデルの学習はfit()メソッドで実行します。batch_sizeオプションで確率的勾配降下法におけるバッチサイズ(1回に抽出するデータ数)を指定し、validation_splitオプションで検証に用いるデータの割合を指定します。validation_splitオプションの指定は必須ではありませんが、これを指定することで学習データから一定割合のデータを抽出し、学習と同時に検証を行わせることができます。

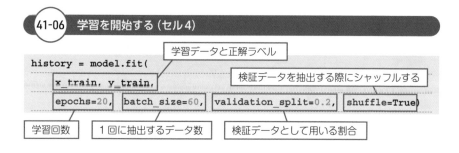

41-06 学習を開始する(セル4)

ここでは学習データのうちの20%を検証用に用いるようにしました。確率的勾配降下法で1回のパラメーター更新に使用するデータの数(batch_size)は60です。従って、60,000×0.8＝48,000から60個ずつ抽出するので、1回の学習につき48,000÷60＝800回(ステップ)のパラメーターの更新処理が行われることになります。

●出力

検証データの正解率は、20回目の学習で0.8874に達しました。

41-07 テストデータで分類予測を行って精度・損失を取得する（セル5）

```
model.evaluate(x_test, y_test)
```

●出力

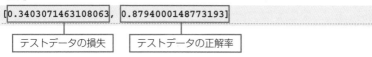

[0.3403071463108063, 0.8794000148773193]

テストデータの損失　　　テストデータの正解率

学習の進捗状況をhistoryに保存するようにしたので、グラフにしてみます。

41-08 進捗状況をグラフにする（セル6）

```
import pandas as pd
pd.DataFrame(history.history).plot()
plt.grid(True)
plt.gca().set_ylim(0, 1)
plt.show()
```

●出力されたグラフ

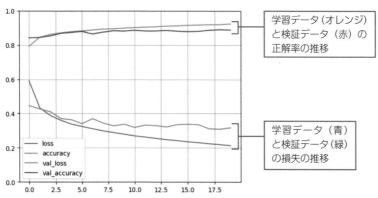

学習データ（オレンジ）と検証データ（赤）の正解率の推移

学習データ（青）と検証データ（緑）の損失の推移

　上部が学習データと検証データの正解率の推移で、下部がそれぞれの損失の推移です。学習回数が5回を超えると徐々に**オーバーフィッティング**が発生し、学習データと検証データのラインが乖離していくのが確認できます。

●ドロップアウトでオーバーフィッティングを解消する

多層パーセプトロンのオーバーフィッティング対策として、**ドロップアウト**と呼ばれる手法があります。処理はとてもシンプルなもので、特定の層から一定割合のニューロンをランダムに選出し、ニューロンからの出力を0にするだけです。もちろん、学習時における順伝播（順方向への出力）に対してのみ行われますが、これだけの処理で正解率が1〜2%程度改善されることがあります。

41-09 ドロップアウトでは、選出されたニューロンの出力を0にする

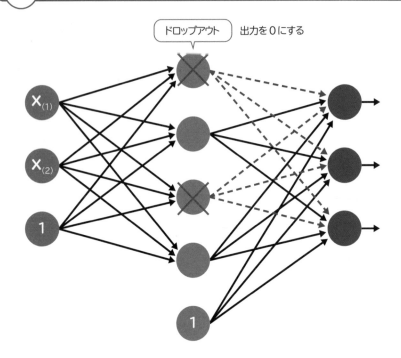

ドロップアウトの指定をするには、モデルを作成する際、任意の層の直後に、

model.add(Dropout(0以上1.0未満の値))

の記述を追加します。

```
model = Sequential() # モデルの基盤を作成
model.add(Dense(300, input_dim=784, activation='relu')) # 第1層
model.add(Dropout(0.3))    第1層の直後に30%のドロップアウトを設定
model.add(Dense(10, activation='softmax')) # 第2層
```

217ページの「41-03」と同じプログラムに30%のドロップアウトを追加した結果、学習データと検証データの正解率と損失のグラフは次図のようになりました。

41-11　ドロップアウトを追加したときの学習結果

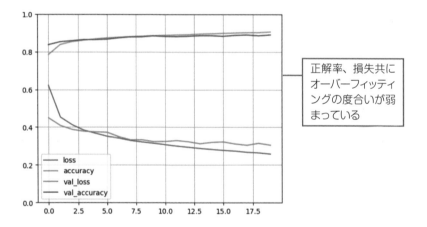

正解率、損失共にオーバーフィッティングの度合いが弱まっている

06

ディープラーニング

42 畳み込みニューラルネットワーク

畳み込みニューラルネットワーク (CNN*)** は、畳み込み演算と呼ばれる処理を行う**フィルター**が搭載されたニューラルネットワークです。画像を識別する「画像認識」の分野で使われているだけでなく、画像以外の「音声認識」や「自然言語処理」などの分野でも広く使われています。

●2次元空間の情報を学習させる「畳み込み演算」

多層パーセプトロンを用いたファッションアイテムの画像認識では、(28ピクセル, 28ピクセル) の2次元配列のデータを、(, 784) の形状の1次元配列にしてからモデルに入力しました。この場合、2次元の情報は失われている状態なので、学習の精度を上げることを考えた場合、元の2次元空間の情報を取り込むことが必要になってきます。このための手段として考案されたのが、「フィルター」と呼ばれる処理です。

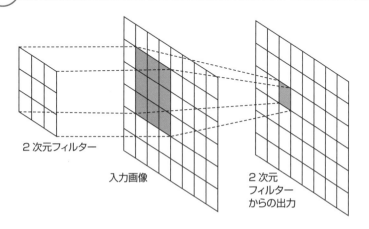

42-01 フィルターを通すことで、2次元空間の情報を学習させる

2次元フィルター

入力画像

2次元
フィルター
からの出力

＊**CNN** Convolutional Neural Network の略。ConvNet とも略す。

この図はフィルターの処理をイメージしたものですが、フィルター自体はプログラム上においては2次元の配列として表されます。例として、上下方向のエッジ (色の境界のうち、上下に走る線) を検出する3×3のフィルターについて見てみましょう。ここでは、わかりやすくするためにフィルターの値を0と1にしていますが、実際にはフィルターの値は重みとして様々な値をとることになります。

> **42-02** 上下方向のエッジを検出する3×3のフィルターを、平面上で表したもの

0	1	1
0	1	1
0	1	1

フィルターの大きさは3×3のほかに、5×5や7×7とすることもできます。中心を決めることができるように、奇数の幅にするのがポイントです。

フィルターを用意したら、画像の左上隅に重ね合わせて、画素の値とフィルターとの積の和を求め、元の画像の中心に書き込みます。この作業を、フィルターをスライドさせながら画像全体に対して行っていきます。これを**畳み込み演算** (Convolution) と呼びます。

畳み込み演算は、データの特徴を機械的に捉えようとするものです。そのため、畳み込み演算後の画像を人間が見ても、意味不明のものになっていることが多いです。

画素の値とフィルターとの積を求める

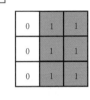

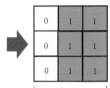

積の和を
求める

6

	6	3		

3

フィルターの位置を1ピクセルずらして、
畳み演算を繰り返す

0	1	1	0	1
0	1	1	0	1
0	1	1	0	1
0	0	0	0	1
0	1	1	1	0

×

0	1	1
0	1	1
0	1	1

0	1	0
0	1	0
0	1	0

フィルター適用後の出力

上下方向のエッジが存在している
領域の数値が大きくなっている

	6	3	3	
	4	2	3	
	4	3	3	

●ゼロパディング

　前ページの図のフィルター適用後の出力を見ると、元のデータ (5×5) よりもサイズが小さく、(3×3) なっていることがわかります。複数のフィルターを連続して適用すると、出力される画像はどんどん小さくなってしまいます。そこで、出力される画像を小さくしない対応策として使われるのが、**ゼロパディング**という手法です。ゼロパディングでは、フィルター適用後のサイズが小さくならないよう、元の画像の周りをゼロで埋めてサイズを水増しした状態でフィルターを適用します。

42-04　画像の周りを0でパディング（埋め込み）する

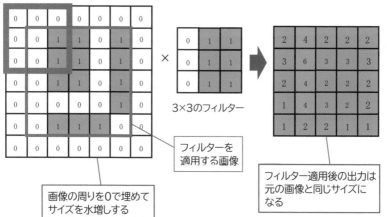

3×3のフィルター

フィルターを
適用する画像

画像の周りを0で埋めて
サイズを水増しする

フィルター適用後の出力は
元の画像と同じサイズに
なる

●自動車の画像に畳み込み層のフィルターを適用した例

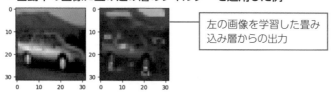

左の画像を学習した畳み
込み層からの出力

●プーリングによるサブサンプリング

畳み込み層から出力されるデータ量を縮小 (**サブサンプリング**) することで、計算の負荷やメモリ使用量を抑えると共にオーバーフィッティングも緩和する、**プーリング**と呼ばれる処理について紹介します。プーリング層の手法には**最大プーリング**や**平均プーリング**がありますが、最大プーリングがシンプルかつ最も効果的とされています。

最大プーリングでは、2×2や3×3などの領域を決めて、その領域の最大値を出力とします。これを領域のサイズだけずらし (ストライド)、同じように最大値を出力とします。

次の図では、6×6=36の画像に2×2の最大プーリングを適用しています。結果として、出力は元の画像の4分の1のサイズに縮小されますが、元の画像の特徴をしっかり捉えているのがポイントです。

42-05　2×2の最大プーリングを行う

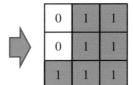

出力される画像は、サイズが小さくなるが、元の画像の特徴を残している

次の図では、元の画像のピクセルデータを1ピクセルずつ右にずらした画像に、同じく2×2の最大プーリングを適用しています。この出力は、ずらす前の画像からの出力に近いものになります。

42-06 元の画像を1ピクセル右にスライドした画像に対して、2×2の最大
プーリングを行う

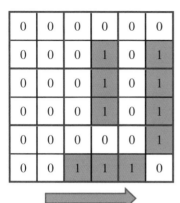

0	1	1
0	1	1
0	1	1

出力される画像は、
ずらす前の画像から
の出力と似ている

元の画像を1ピクセルだけ右にずら
して、2×2の最大プーリングを実施

　人間の目で見て同じような形をしていても、少しのズレがあるとネットワークには
まったく別の形として認識されますが、プーリングを適用すると、「ほぼ同じ形をし
ていれば、多少のズレがあっても同じものとして認識される」ことが期待できます。
　このように、プーリングの処理を行うことで、入力画像の小さなゆがみやズレ、変
形による影響を受けにくくなる、というメリットがあります。

ここでは、CNN（畳み込みニューラルネットワーク）のモデルを作成し、カラー画像の分類を行ってみることにします。

●カラー画像を10のカテゴリに分類したデータセット「CIFAR-10」

画像認識用のデータセット「**CIFAR-10**」を、TensorFlowライブラリでダウンロードすることができます。

43-01 CIFAR-10の概要

・32×32ピクセルのカラー画像が60,000枚（学習用50,000枚、テスト用10,000枚）
・正解ラベルは10カテゴリ（クラス）

クラス	説明	クラス	説明
0	airplane（飛行機）	5	dog（イヌ）
1	automobile（自動車）	6	frog（カエル）
2	bird（鳥）	7	horse（馬）
3	cat（ネコ）	8	ship（船）
4	deer（鹿）	9	truck（トラック）

カラー画像は、PNG形式のような画像ファイルではなく、ピクセルデータ配列として収録されています。学習用とテスト用のデータは、

・学習用　：（50000, 32, 32, 3）
・テスト用：（10000, 32, 32, 3）

のように、4次元の配列に格納されています。1画像あたり32×32ピクセルですが、カラー画像のため1ピクセルがRGBの3つの値（チャネル）を持つため、（32行, 32列, 3チャネル）の3次元配列になります。

また正解ラベルとしては、次のように2次元配列に0〜9の値が格納されています。

・学習用　：(50000, 1)
・テスト用：(10000, 1)

43-02 10カテゴリの画像を各10枚抽出して出力 (CIFAR-10.jpynb)

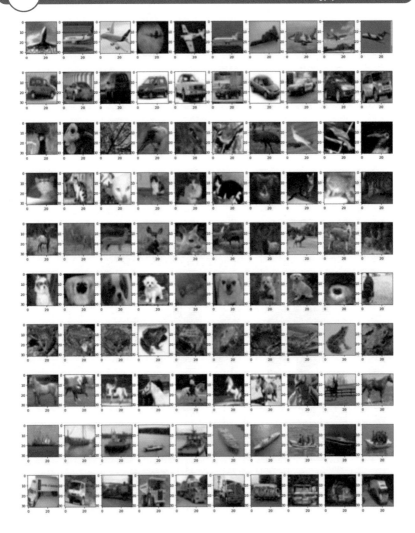

●8層構造のCNNでカラー画像を分類する

CIFAR-10を読み込んで、CNNのモデルで学習してみることにします。

 43-03 CIFAR-10の読み込みとMin-Maxスケーリングによる前処理
（CIFAR-10_CNN.ipynb）（セル1）

```
from tensorflow.keras.datasets import cifar10

(x_train, y_train), (x_test, y_test) = cifar10.load_data()
# 学習用とテスト用の画像データをスケーリングする
x_train, x_test = x_train.astype('float32'), x_test.astype('float32')
x_train, x_test = x_train/255.0, x_test/255.0
```

次のような8層構造のCNNのモデルを作成します。

43-04 作成する8層構造のCNNのモデル

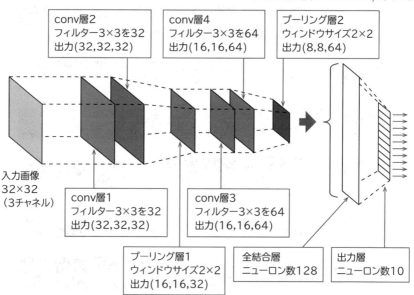

※conv層は畳み込み層 (convolution layer) のこと

conv層2
フィルター3×3を32
出力(32,32,32)

conv層4
フィルター3×3を64
出力(16,16,64)

プーリング層2
ウィンドウサイズ2×2
出力(8,8,64)

入力画像
32×32
（3チャネル）

conv層1
フィルター3×3を32
出力(32,32,32)

conv層3
フィルター3×3を64
出力(16,16,64)

プーリング層1
ウィンドウサイズ2×2
出力(16,16,32)

全結合層
ニューロン数128

出力層
ニューロン数10

```python
from tensorflow.keras.models import Sequential
from tensorflow.keras.layers import Dense, Dropout, Flatten
# core layers
from tensorflow.keras.layers import Conv2D, MaxPooling2D
# convolution layers

# Sequentialオブジェクトを生成
model = Sequential()
# 第1層：畳み込み層1
model.add(Conv2D(
    filters=32, kernel_size=(3,3), input_shape=x_train[0].shape,
    padding='same', activation='relu'))
# 第2層：畳み込み層2
model.add(Conv2D(
    filters=32, kernel_size=(3,3), padding='same',
    activation='relu'))
# 第3層：プーリング層1
model.add(MaxPooling2D(pool_size=(2,2)))
model.add(Dropout(0.2)) # ドロップアウト20%
# 第4層：畳み込み層3
model.add(Conv2D(
    filters=64, kernel_size=(3,3), padding='same',
    activation='relu'))
# 第5層：畳み込み層4
model.add(Conv2D(
    filters=64, kernel_size=(3,3), padding='same',
    activation='relu'))
# 第6層：プーリング層2
model.add(MaxPooling2D(pool_size=(2,2)))
model.add(Dropout(0.3)) # ドロップアウト30%
model.add(Flatten())    # Flatten：3次元配列を1次元配列に変換
# 第7層：全結合層
model.add(Dense(128, activation='relu'))
```

06

ディープラーニング

```
model.add(Dropout(0.5)) # ドロップアウト50%
# 第8層：出力層
model.add(Dense(10, activation='softmax')) # 活性化関数はソフトマックス
```

　損失関数をスパース行列対応交差エントロピー誤差に設定し、勾配降下アルゴリズムとしてAdamを指定して、モデルのコンパイルを行います。なお、Adamは、SGD (確率的勾配降下法) の学習効果を高めるように改良されたアルゴリズムです。

43-06 8層構造のCNNのモデルをコンパイル (セル3)

```
from tensorflow.keras import optimizers

model.compile(
    loss='sparse_categorical_crossentropy',
    optimizer=optimizers.Adam(learning_rate=0.001),
                            # 学習率はデフォルトの0.001
    metrics=['accuracy'])
model.summary() # モデルのサマリを出力
```

●出力されたモデルのサマリ

Layer (type)	Output Shape	Param #
conv2d (Conv2D)	(None, 32, 32, 32)	896
conv2d_1 (Conv2D)	(None, 32, 32, 32)	9248
max_pooling2d (MaxPooling2D)	(None, 16, 16, 32)	0
dropout (Dropout)	(None, 16, 16, 32)	0
conv2d_2 (Conv2D)	(None, 16, 16, 64)	18496
conv2d_3 (Conv2D)	(None, 16, 16, 64)	36928
max_pooling2d_1 (MaxPooling 2D)	(None, 8, 8, 64)	0
dropout_1 (Dropout)	(None, 8, 8, 64)	0
flatten (Flatten)	(None, 4096)	0
dense (Dense)	(None, 128)	524416

...

```
Total params: 591,274
Trainable params: 591,274
Non-trainable params: 0
```

　学習の回数を30、1ステップで抽出するサンプル数を100、検証データの割合を0.2に設定して学習を開始します。

43-07　学習の開始（セル4）

```
history = model.fit(
    x_train, y_train, epochs=30, batch_size=100, validation_split
=0.2, shuffle=True)
```

●学習開始後の出力

```
...
Epoch 29/30
400/400 [==============================] - 51s 128ms/step
 - loss: 0.5293 - accuracy: 0.8109 - val_loss: 0.6275 - val_accuracy:
0.7865
Epoch 30/30
400/400 [==============================] - 51s 128ms/step
 - loss: 0.5171 - accuracy: 0.8163 - val_loss: 0.6496 - val_accuracy:
0.7887
```

Point パラメーターの数

　畳み込み層1（conv2d）のパラメーター数896の内訳は、

・3×3×32（フィルター数）×3（1ピクセルあたりの値の数〈RGB値〉）＝864
・バイアスの数＝32（フィルターの数）

のようになります。

テストデータで分類予測し、学習の進捗をグラフにします。

43-08 テストデータで分類予測を行って精度・損失を出力 (セル5)

```
score = model.evaluate(x_test, y_test, verbose=0)
print('Test loss:', score[0])
print('Test accuracy:', score[1])
```

●出力結果

```
Test loss: 0.6906008124351501
Test accuracy: 0.7821999788284302
```

43-09 学習の進捗状況をグラフにする (セル6)

```
import pandas as pd
import matplotlib.pyplot as plt

pd.DataFrame(history.history).plot()
plt.grid(True)
plt.gca().set_ylim(0, 1)
plt.show()
```

43-10 学習データと検証データの損失と正解率の推移 (出力)

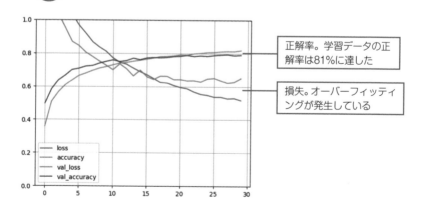

正解率。学習データの正解率は81%に達した

損失。オーバーフィッティングが発生している

44 物体検出

物体検出とは、1枚の画像の中に存在する物体に対して、物体の領域と物体名を予測する技術で、機械学習の1つの分野です。これまでに見てきた画像の分類は、1枚の画像から1つの物体名を予測しましたが、物体検出は「1枚の画像から複数の物体を見つけ出し、それぞれの物体名を言い当てる」という点が大きく異なります。

●物体検出の処理を見る

次は、物体検出前と検出後の画像です。

44-01 元の画像 *

> 今回の物体検出に使用するサンプル画像

＊「Wikimedia Commons」の画像。

木を検出　バイクを検出

タイヤを検出　タイヤを検出

　物体検出を実施すると、検出された物体の周りに四角い枠が表示され、バイク全体に描画された枠には「motorcycle: 92%」というラベルが表示されています。これは「検出された物体がバイクである確率が92%」ということを示しています。同様に左上の枠には「Tree: 43%」とあり、「検出された物体が木である確率が43%」ということを示しています。

　物体の周りに表示される枠のことを**バウンディングボックス**と呼び、これを使って画像中の物体を検出します。物体検出では、バウンディングボックスが適切に物体を特定できるように、検出用のモデルで大量の画像を用いて学習を行います。うまく学習できれば、紹介した検出例のような結果が得られます。

●1つの物体に対するバウンディングボックスを1つに絞り込む

物体検出のモデルでは、あらかじめ様々なサイズの枠を大量に用意しておき、これを画像に当てはめて、最も当てはまりのよいものをバウンディングボックスにするように学習を行います。最終的に当てはまりのよい（確信度が高い）枠を選出すればよいのですが、それだけではうまくいきません。というのは、画像の中の同じ物体に対して複数のバウンディングボックスが存在する場合があるためです。この場合は、

「同じ物体を囲むバウンディングボックスを集めて、その中から最も確信度が高いものだけを残す」

という処理が必要になります。次の写真を見てみましょう。

 最も確信度の高いバウンディングボックス（中央の赤枠）によく似たバウンディングボックス（白枠）を検出する

> 同じ物体を囲むバウンディング
> ボックスがいくつか検出されて
> いる

44-04 最も確信度の高いバウンディングボックスだけを残す

> 最も確信度の高いバウンディングボックスだけを残し、それ以外を削除

1枚目の写真では、ネコに対するバウンディングボックスが検出されています。これは、最も確信度の高いバウンディングボックス (中央の赤枠) を選んだら、たまたまネコを囲むものだった、ということを示しています。これをもとにして、よく似た形のバウンディングボックス (白枠) が複数、検出されています。

2枚目の写真は、最も確信度の高いバウンディングボックス (中央の赤枠) だけを残し、他のよく似た形のバウンディングボックスを削除したものです。

このように、「同じ物体に対するバウンディングボックスを検出し、その中で最大の確信度を持つものだけを残す」ことを繰り返すと、画像中の各物体に対する最大確信度のバウンディングボックスだけが残ります。この処理のことを「Non-Maximum Suppression (**NMS**)」と呼びます。物体検出の核心ともいえる重要な処理です。

●TensorFlow Hubの物体検出モデル 「Faster RCNN + Inception-ResNet-v2」

Googleの「TensorFlow Hub」では様々なタイプの学習済みモデルを公開しており、物体検出の「Faster R-CNN + Inception-ResNet-v2」を用いた学習済みモデルも公開されています。「**Faster R-CNN**」は、Microsoft社が開発した物体検出モデルです。「**Inception-ResNet-v2**」は、ImageNetデータベースの100万枚を超えるイメージで学習済みの畳み込みニューラルネットワークです。164の層で構成されていて、入力されたイメージを1000のカテゴリ (キーボード、マウス、鉛筆、動物など) に分類します。

「TensorFlow Hub」で公開されている学習済みモデルは、TensorFlowライブラリとTensorflow_Hubライブラリをインストールすることで利用できます。本書のダウンロード用プログラムに「Tensor Flow_Hub.ipynb」があるのでご参照ください。

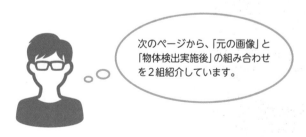

次のページから、「元の画像」と「物体検出実施後」の組み合わせを2組紹介しています。

椅子が8脚、テーブルが1台、大型の本棚が写っています。

44-06　画像①の物体検出実施後

物体を検出したバウンディングボックスのうち、最も確信度の高いものが残されています。

建物の前に1台の自動車が停まっています。

自動車や建物に加え、タイヤのホイールやナンバープレートが検出されています。

自動車を検出

建物を検出

タイヤをホイールとして検出

ナンバープレートを検出

07

教師なし学習

「教師なし学習」では、正解となるデータを用いずに学習を行います。この章では、教師なし学習の代表的手法である「主成分分析」と「k-means法によるクラスター分析」について見ていきます。

45 主成分分析

主成分分析 (PCA＊) は、データの特徴を最大限に表す「主成分」を計算し、主成分を用いてデータを変換します。その目的は、説明変数の数を減らすことです。説明変数の数を「より強くデータを説明できるもの」だけに絞り込めるので、分析精度の向上が期待できます。

●主成分分析とは

主成分分析の目的は、データに多くの説明変数があるときに、それをごく少ない数に置き換えてデータを解釈しやすくすることです。これを**次元削減**といいます。例えば説明変数が100個あるデータを分析する場合、これらのデータを5個の説明変数で表現できるとすると、分析にかかる計算量が少なくなるのはもちろん、分析の精度向上も期待できます。

主成分分析の例として、数学、物理、地理、英語、国語という5教科のテスト結果があるとします。このデータを主成分分析にかけて、「総合的な学力」、「理系の学力」、「文系の学力」という新しい指標 (これを**主成分**といいます) を作り出します。

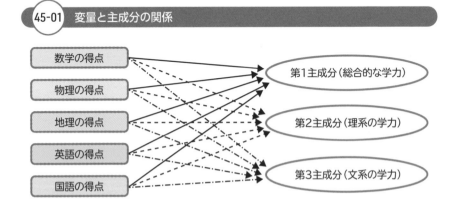

45-01　変量と主成分の関係

＊**PCA**　Principal Component Analysisの略。

単純に「得点が高いから総合的な実力が高い」、「理系科目の点数が高いから理系向き」とするのではないのがポイントです。前ページの図を見ると、5つの説明変数から3つの主成分に向かって矢印が伸びているのがわかります。

●主成分分析で求められる「主成分」

　先の図において、最初に求められた第1主成分は、5教科すべてを網羅する「総合的な学力」です。第2主成分が理系的な学力、第3主成分が文系的な学力を表します。次図は、先ほどの5教科の得点に第2主成分までを適用した例です。第2主成分までで、文系的な学力まで知ることができます。

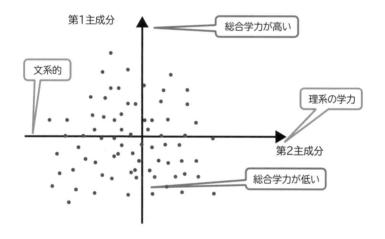

　話を簡単にするために、数学と物理の得点について見てみましょう。この2つの得点には、片方の得点が高いともう片方の得点も高くなるという「相関関係」があります。次図は、数学の得点を横軸に、物理の得点を縦軸に設定し、それぞれの平均点のところで軸が交差するようにしたグラフです。数学と物理のそれぞれの軸が持つ分散の大きさはほぼ同じです。

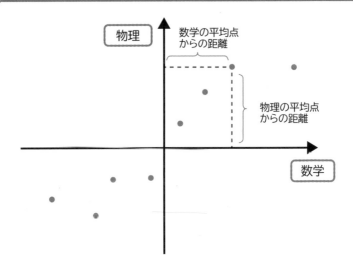

ここで、データのバラツキが最も大きくなる方向に新しい軸を設定します。この軸のことを**第1主成分**（PC1）と呼びます。続いてPC1に直交し、なおかつデータのバラツキが最も大きくなる方向に第2の軸を設定します。この軸のことを**第2主成分**（PC2）と呼びます。軸と軸は、それぞれの平均値のところで交差するようにします。

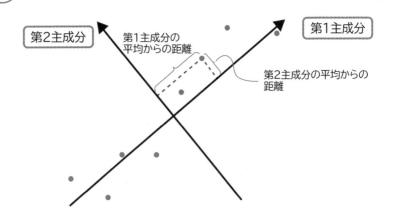

図を見ると、第1主成分の軸方向に距離 (偏差) が大きい (点線が長い) ことがわかります。これは、第1主成分が第2主成分よりも多くの情報を持っていることを意味します。第2主成分には、第1主成分で表せなかった残りの少量の情報が含まれます。

● 主成分得点

　数学と物理の得点データを (x_1, y_1)、(x_2, y_2)、…、(x_n, y_n) としたとき、PC1の式として

$$z_{1(n)} = a_1 x_n + b_1 y_n$$

が成立します。$z_{1(n)}$ は、第1主成分の式によって変換された n 個目のデータで、これを**主成分得点**といいます。主成分得点は (x_1, y_1) のデータから1個だけ求められるので、2変数のデータが1変数に「次元削減」されました。データの数 (レコード数) は変わりませんが、説明変数が1つに集約されたことになります。

Point 主成分分析を実施する sklearn.decomposition.PCA クラス

　scikit-learn ライブラリの sklearn.decomposition.PCA クラスでは、次のメソッド (コンストラクター) やプロパティを使って主成分分析を実施します。

● PCA()
　主成分分析のモデルを生成するコンストラクターです。
● fit()
　PCA モデル (オブジェクト) に対して実行することで、主成分分析を実施します。
● components_
　主成分分析実施後の PCA オブジェクトから、主成分の情報を NumPy 配列の形式で取得するプロパティです。

●「Iris」データセットを主成分分析で次元削減する

アヤメ科アヤメ属の3種類のアヤメ (setosa、versicolor、virginica) の花弁と萼^{がく}に関するデータを収録した「Iris」データセットには、説明変数として4列のデータがあります。これを主成分分析にかけて「次元削減」を行ってみます。

45-05　「Iris」データセットを読み込んで主成分分析を実施 (irisdata_pca. ipynb) (セル1)

```
from sklearn import datasets
import pandas as pd
from sklearn.preprocessing import StandardScaler
from sklearn.decomposition import PCA

dataset = datasets.load_iris() # 「iris」データセットを読み込む
x_scaled = StandardScaler().fit_transform(dataset.data) # 標準化

pca = PCA() # 主成分分析のモデルを作成
pca.fit(x_scaled) # fit() メソッドで主成分得点を取得
# 第1主成分〜第4主成分をデータフレームに格納して出力
print(pd.DataFrame(
    pca.components_, # components_ で主成分を取得
    columns=dataset.feature_names)) # カラム名
print('----------------------------')
# 各主成分の寄与率を出力
print('各主成分の寄与率:', pca.explained_variance_ratio_)
```

●出力

	sepal length(cm)	sepal width(cm)	petal length(cm)	petal width(cm)
0	0.521066	-0.269347	0.580413	0.564857
1	0.377418	0.923296	0.024492	0.066942
2	-0.719566	0.244382	0.142126	0.634273
3	-0.261286	0.123510	0.801449	-0.523597

各主成分の寄与率：[0.72962445 0.22850762 0.03668922 0.00517871]

　説明変数の数と同じ第1主成分から第4主成分までの主成分負荷量が求められました。4変数のデータ (x_n, y_n, u_n, v_n) なので、第1主成分の主成分得点を求める式は、

$$z_{1(n)} = a_1 x_n + b_1 y_n + c_1 u_n + d_1 v_n$$

となります。1行目のデータの第1主成分の得点は、

$$(0.52 \times -0.90) + (-0.27 \times 1.02) + (0.58 \times -1.34) + (0.56 \times -1.32) = -2.26$$

のように求められます（小数点以下2桁で四捨五入）。

　主成分の重要度を割合で表した**寄与率**は、第1主成分で約73%、第2主成分で23%になっていて、2つの主成分でデータの特徴をほぼ説明していることがわかります。主成分の数（次元）を2次元に削減して、結果を見てみましょう。

45-06　第1主成分と第2主成分でデータを可視化する（セル2）

```python
import matplotlib.pyplot as plt

# 主成分数を2にして主成分分析のモデルを作成
pca = PCA(n_components=2)
# 主成分分析のモデルで主成分得点を取得する
x_transformed = pca.fit_transform(x_scaled)
print('主成分得点の形状:', x_transformed.shape)
print('----------------------------')
# 次元削減後の主成分得点をデータフレームで出力
print(pd.DataFrame(x_transformed).head())
# Figure、Axesを生成
fig, ax = plt.subplots()
# ターゲット（正解値）を取得
targets = dataset.target
# ターゲット（正解）ごとに主成分得点のリストを作成
# 第1要素は第1主成分の得点、第2要素は第2主成分の得点
x0 = x_transformed[targets==0]  # 正解が0の主成分得点
```

```
x1 = x_transformed[targets==1] # 正解が1の主成分得点
```

```
x2 = x_transformed[targets==2] # 正解が2の主成分得点
```

```
# 正解が0〜2それぞれの第1主成分得点をx軸、第2主成分得点をy軸に設定
```

```
ax.scatter(x0[:, 0], x0[:, 1]) # 正解が0
```

```
ax.scatter(x1[:, 0], x1[:, 1]) # 正解が1
```

```
ax.scatter(x2[:, 0], x2[:, 1]) # 正解が2
```

```
ax.set_xlabel("Component-1")   # 第1主成分をx軸ラベル
```

```
ax.set_ylabel("Component-2")   # 第2主成分をy軸ラベル
```

```
plt.show()
```

●出力

```
主成分得点の形状:(150, 2)
----------------------------
            0          1
0   -2.264703   0.480027
1   -2.080961  -0.674134
2   -2.364229  -0.341908
3   -2.299384  -0.597395
4   -2.389842   0.646835
```

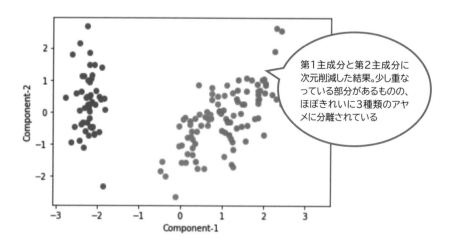

第1主成分と第2主成分に
次元削減した結果。少し重な
っている部分があるものの、
ほぼきれいに3種類のアヤ
メに分離されている

46 ▸ k-means法

クラスター分析は、データをいくつかのグループ (クラスター) に分ける**教師なし学習**です。機械学習では、データの前処理としてクラスター分析を行い、各データのクラスター中心からの距離を特徴量 (**説明変数**) として用いることがあります。ここでは、クラスター分析の手法の中で最も多く利用されている**k-means法 (k平均法)** について見ていきます。

●「k-means法」によるクラスター分析

クラスター分析の手法の1つである「k-means法 (k平均法)」は教師なし学習なので、データの正解値を必要としません。データを適当なクラスターに分けたあと、クラスターの重心 (クラスターに属するデータの中心点とお考えください) を調整することで、データがいくつかのグループに分かれるようにするアルゴリズムです。具体的な手順は次のようになります。

46-01　k-means法の手順

❶散布図上のデータ点を、青点、赤点、黄点の3つのクラスターにランダムに分けます。

❷各クラスターに属するデータ点の中心 (重心) を求めます。

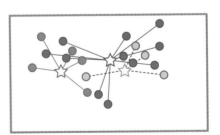

❸各データ点の重心からの距離を計算し、距離が一番近いクラスターに割り当て直します。

❹新たな重心を求め、各データ点を最も近い重心のクラスターに分け直します。

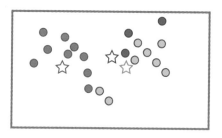

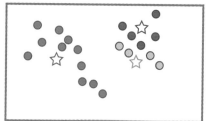

❺以下、❹と同じく新たな重心を求めてデータ点を分け直す操作を繰り返して、重心の位置が動かなくなったら終了です。

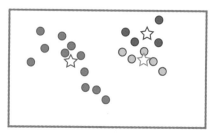

●クラスター分析で「Iris」データセットをグループ分けする

「Iris」データセットについて、教師データ (花の種類の正解値) を用いず、クラスタリングによってグループ分けしてみましょう。scikit-learnには、k-means法によるクラスター分析を行う**KMeansクラス**があります。デフォルトで8個のクラスターに分割されるようになっているので、n_clusters=3を指定して、クラスターの数をクラスの数と同じ3に設定します。

46-02 「Iris」データセットのクラスタリング (irsdata_cluster_analysis.ipynb) (セル1)

```
from sklearn import datasets
```

```
import pandas as pd
from sklearn.cluster import KMeans
# irisデータの読み込み
dataset = datasets.load_iris()
# irisデータからデータフレームを作成
df = pd.DataFrame(dataset.data, columns = dataset.feature_names)
# クラスターの数を3に指定してk-meansモデルを生成(n_initはデフォルトの10を設定)
kmeans = KMeans(n_clusters=3, n_init=10)
# irisデータをクラスター分析
kmeans.fit(df)
# 各データが属するクラスター(0、1、2)を取得
y_pred = kmeans.predict(df)
```

　クラスターの数を3 (n_clusters=3) に指定したので、150のデータが0、1、2の3つのクラスターに分類されました。petal length (萼の長さ) の値を*x*軸、petal width (萼の幅) の値を*y*軸に設定して、150のデータを散布図にしてみます。1つ目の散布図はターゲット——花の種類の正解値(0、1、2)——で色分けし、2つ目の散布図はクラスター分析でのクラスター(0、1、2)で色分けして描画します。

46-03 正解値で色分けした散布図、およびクラスターごとに色分けした散布図を描画 (セル2)

```
import seaborn as sns
import matplotlib.pyplot as plt

# Seabornのデフォルトスタイルを適用
sns.set()
# petal lengthをx軸、petal widthをy軸に設定
# ターゲット(花の種類の正解値)で色分けして散布図をプロット
sns.scatterplot(
    data=df,
    x='petal length (cm)', y='petal width (cm)', hue=dataset.target)
plt.show()
# 各データが属するクラスター(0、1、2)で色分けして散布図をプロット
```

```
sns.scatterplot(
    data=df,
    x='petal length (cm)', y='petal width (cm)', hue=y_pred)
plt.show()
```

46-04 データ点を正解ラベルで色分けした散布図

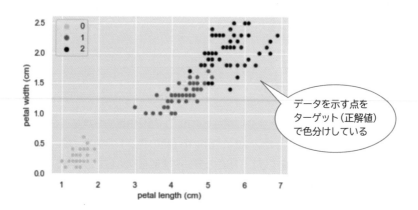

データを示す点を
ターゲット（正解値）
で色分けしている

46-05 データ点をクラスターのインデックスで色分けした散布図

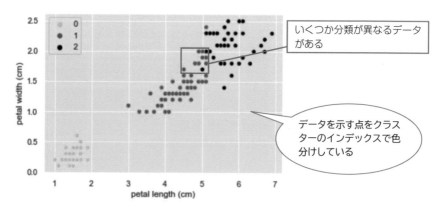

いくつか分類が異なるデータ
がある

データを示す点をクラス
ターのインデックスで色
分けしている

　わずかながら違いがあるものの、ほぼターゲット（花の種類の正解ラベル）と同じ
結果が得られています。

生成型学習

「生成AI」として話題のアルゴリズムについて見ていきます。

オートエンコーダー (autoencoder) は、画像の圧縮と復元を通じて入力画像に近い画像を復元する、機械学習のモデルです。

●オートエンコーダーとは

オートエンコーダーは、教師なし学習のニューラルネットワークです。多層パーセプトロンや畳み込みニューラルネットワークが用いられますが、その目的は「入力したデータと同じデータを出力するニューラルネットワーク」を作ることです。入力データと同じものを出力することに何の意味があるのか疑問に思うかもしれませんが、オートエンコーダーの**符号化 (エンコード)** と**復号 (デコード)** の処理に注目です。

47-01 オートエンコーダーの構造

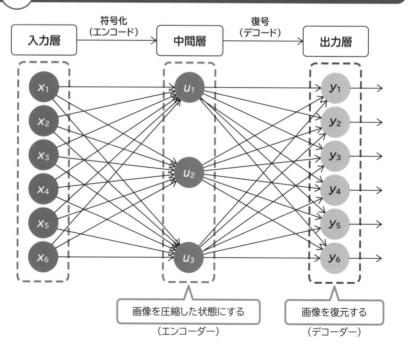

オートエンコーダーのモデルは、その中間層に至る過程で符号化の処理を行い、中間層において復号の処理を行うのがポイントです。

中間層では、エンコードされたデータが元の状態に復元されるように学習を行います。学習がうまく進めば、符号化されたデータをモデルに入力すると符号化される前のデータに復元することができます。

●畳み込みオートエンコーダーによる圧縮画像の復元

ここでは、入力画像を圧縮する**エンコーダー**と、圧縮された画像を元の状態に復元する**デコーダー**で構成されたモデルを作成します。題材とするデータセットは、Fashion-MNISTです。

47-02 エンコーダーの構造

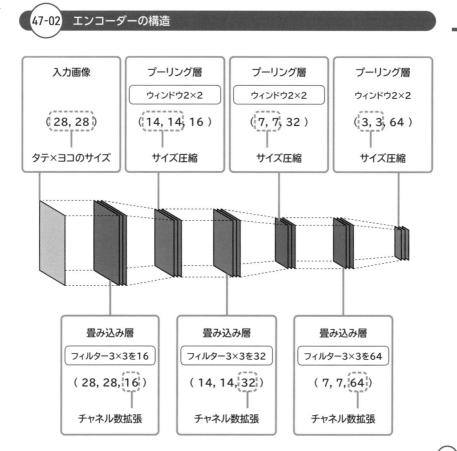

●エンコーダー

　オートエンコーダーのエンコーダーには、3層の畳み込み層を配置し、入力の深さ（チャネル）の数を増やしながら、プーリング層によって空間次元（高さと幅）を削減します。

●デコーダー

　デコーダーは、縮小された画像を元のサイズに拡大し、拡張された深さ（チャネル）を元の次元にまで戻す処理を行います。このために、転置畳み込み層を3層配置して、畳み込みとは反対の変換を行い、入力時の形状に戻すようにします。

47-03 デコーダーの構造

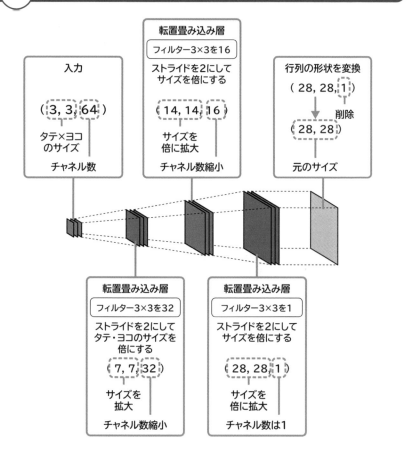

●畳み込みオートエンコーダーを実装し、画像を圧縮・復元する

ここで、作成するプログラムの実行結果を先に示します。

 47-04 出力された画像（上段が元の画像、下段がオートエンコーダーでエンコード後に復元された画像）

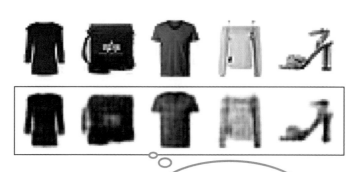

> 上の画像をエンコード➡
> デコードして元の状態に
> 戻した状態の画像です。

Fashion-MNISTをダウンロードし、前処理としてスケーリングを行います。

47-05 Fashion-MNISTのダウンロードと前処理（セル1）

```
from tensorflow import keras

import numpy as np

#  Fashion-MNISTをダウンロード

(X_train_full, y_train_full), \

(X_test, y_test) = keras.datasets.fashion_mnist.load_data()

#ピクセル値を255で割って0.0～1.0の範囲に正規化

X_train_full = X_train_full.astype(np.float32) / 255

X_test = X_test.astype(np.float32) / 255

# 学習データ、テストデータ共に5000個のデータを使用する

X_train, X_valid = X_train_full[:-5000], X_train_full[-5000:]
```

```
y_train, y_valid = y_train_full[:-5000], y_train_full[-5000:]
```

　エンコーダーとデコーダーのモデルを作成します。なお、活性化関数にはReLUの
拡張版であるSELUを使用します。

47-06　エンコーダーとデコーダーのモデルを作成（セル2）

```
# エンコーダーのモデル
encoder = keras.models.Sequential([
    # 畳み込み演算のため、入力データ (28, 28) にチャネルの次元を追加
    # 出力 (バッチサイズ, 28, 28, 1)
    keras.layers.Reshape([28, 28, 1],
                         input_shape=[28, 28]),
    # 畳み込み層1: 出力 (バッチサイズ, 28, 28, 16)
    keras.layers.Conv2D(16,               # フィルター数16
                        kernel_size=3,    # フィルターサイズ3×3
                        padding='SAME',   # ゼロパディングする
                        activation='selu'),  # 活性化関数はSELU
    # プーリング層: 出力 (バッチサイズ, 14, 14, 16)
    keras.layers.MaxPool2D(pool_size=2),  # 2×2のプーリングを適用
    # 畳み込み層2: 出力 (バッチサイズ, 14, 14, 32)
    keras.layers.Conv2D(32,               # フィルター数32
                        kernel_size=3,    # フィルターサイズ3×3
                        padding='SAME',   # ゼロパディングする
                        activation='selu'),  # 活性化関数はSELU
    # プーリング層: 出力 (バッチサイズ, 7, 7, 32)
    keras.layers.MaxPool2D(pool_size=2),  # 2×2のプーリングを適用
    # 畳み込み層3: 出力 (バッチサイズ, 7, 7, 64)
    keras.layers.Conv2D(64,               # フィルター数64
                        kernel_size=3,    # フィルターサイズ3×3
                        padding='SAME',   # ゼロパディングする
                        activation='selu'),  # 活性化関数はSELU
    # プーリング層: 出力 (バッチサイズ, 3, 3, 64)
    keras.layers.MaxPool2D(pool_size=2)   # 2×2のプーリングを適用
```

```
])
```

デコーダーのモデル
転置畳み込みで畳み込みとは反対の変換を行い、入力時の形状に変換する
```
decoder = keras.models.Sequential([
    # 転置畳み込み層1：出力 (バッチサイズ, 7, 7, 32)
    keras.layers.Conv2DTranspose(
        32,                    # フィルター数32
        kernel_size=3,         # フィルターサイズ3×3
        strides=2,             # ストライドを2にして特徴量マップのサイズを倍にする
        padding='VALID',       # パディングすると (6,6) になるのでパディングは
                               # 行わず (7,7) になるようにする
        activation='selu',     # 活性化関数はSELU
        input_shape=[3, 3, 64]), # 入力データの形状は (バッチサイズ, 3, 3, 64)
    # 転置畳み込み層2：出力 (バッチサイズ, 14, 14, 16)
    keras.layers.Conv2DTranspose(
        16,                    # フィルター数16
        kernel_size=3,         # フィルターサイズ3×3
        strides=2,             # ストライドを2にして特徴量マップのサイズを倍にする
        padding='SAME',        # パディングしないと (15,15) になるので
                               # パディングして (14,14) にする
        activation='selu'),    # 活性化関数はSELU
    # 転置畳み込み層3：出力 (バッチサイズ, 28, 28, 1)
    keras.layers.Conv2DTranspose(
        1,                     # フィルター数1
        kernel_size=3,         # フィルターサイズ3×3
        strides=2,             # ストライドを2にして特徴量マップのサイズを倍にする
        padding='SAME',        # パディングしないと (29,29) になるので
                               # パディングして (28,28) にする
        activation='sigmoid'), # 活性化関数はシグモイド
    # チャネルの次元をなくして (バッチサイズ, 28, 28) の形状にする
    keras.layers.Reshape([28, 28])
])
```

作成した2つのモデルを1つにまとめてコンパイルします。

```python
import tensorflow as tf


def rounded_accuracy(y_true, y_pred):
    '''学習評価用として正解率を求める
    '''
    # 出力を最も近い整数に丸めて二値分類の正解率を求める
    return keras.metrics.binary_accuracy(tf.round(y_true),   # 正解ラベル
                                         tf.round(y_pred))   # 予測値


# エンコーダーとデコーダーを1つのモデル（Sequentialオブジェクト）にまとめる
autoencoder = keras.models.Sequential([encoder, decoder])

# モデルのコンパイル
autoencoder.compile(
    loss="binary_crossentropy",   # 損失は二値交差エントロピー誤差
    optimizer=keras.optimizers.SGD(learning_rate=1.0),   # SGDを使う
    metrics=[rounded_accuracy])   # 学習評価として正解率を指定
```

学習回数を5回にして学習を開始します。

```python
history = autoencoder.fit(
    X_train,
    X_train,
    batch_size=32,   # ミニバッチのサイズはデフォルトの32
    epochs=5,        # エポック数は5
    # テストデータを検証に使用
    validation_data=(X_valid, X_valid)
    )
```

学習が済んだら、画像を5枚抽出して学習後のモデルに入力し、元の画像とエンコード、デコード処理後の画像を出力してみます（出力結果は259ページ「47-04」に掲載）。

47-09　結果を出力する関数の定義（セル4）

```python
import matplotlib.pyplot as plt

def plot_image(image):
    '''イメージのプロットを行う
    '''
    plt.imshow(image, cmap="binary")
    plt.axis("off")

def show_result(model, images=X_valid, num_images=5):
    '''入力したイメージと復元したイメージを出力する
    '''
    reconstructions = model.predict(images[:num_images])
    fig = plt.figure(figsize=(num_images * 1.5, 3))
    for image_index in range(num_images):
        plt.subplot(2,
                    num_images,
                    1 + image_index)
        plot_image(images[image_index])
        plt.subplot(2,
                    num_images,
                    1 + num_images + image_index)
        plot_image(reconstructions[image_index])
```

47-10　画像を5枚抽出して学習後のモデルに入力し、元の画像とエンコード、デコード処理後の画像を出力（セル5）

```python
show_result(autoencoder)

plt.show()
```

48 GAN（敵対的生成ネットワーク）

敵対的生成ネットワーク（**GAN**[*]）は、2つのネットワークを競わせながら学習させることで、鮮明で本物らしい画像生成を可能にする生成モデルです。

●GANのメカニズム

GANは生成モデルなので、データの特徴を抽出して学習し、実在しないデータを生成します。生成モデルにはオートエンコーダーや変分オートエンコーダーがありますが、GANはそれらの手法と比べてより鮮明な画像の生成が可能です。

教師なし学習を基本としますが、「Conditional GAN」と呼ばれるモデルのように、学習と同時にデータにラベルを与えるケースもあります。

GANは、**生成器**（Generator）と**識別器**（Discriminator）の2つのネットワークで構成されます。

生成器は、生成画像の種に相当するノイズを入力し、**生成画像（フェイク（偽物）画像）** を出力します。一方、識別器には本物の画像とフェイク画像が入力され、それぞれが本物かフェイクかを判定します。

48-01 GANの構造

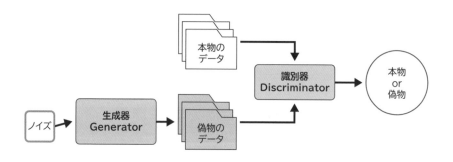

---

[*]**GAN** Generative Adversarial Networksの略。

GANにおける学習は、次の手順で実施されます。

❶ノイズを生成器に入力してフェイク画像を生成する。

❷フェイク画像を識別器に入力し、正解ラベル「0：偽物」を出力するように識別器の重みを更新する。

❸更新後の識別器に前回と同じフェイク画像を入力し、正解ラベル「1：本物」を出力するように生成器の重みを更新する。

　❶〜❷は識別器に対する学習で、ノイズから生成された画像をフェイクだと判定できるように学習（重みの更新）を行います。

　❸は生成器に対する学習です。更新された識別器に❷と同じフェイク画像を入力し、これを「本物の画像と判定するように生成器の重みを更新」します。つまり、「本物と判定されるようなフェイク画像を出力できるように、生成器を訓練する」というわけです。訓練を重ねれば、生成器は次第に本物に近い画像を出力するようになると期待できます。

　ノイズを検出する「変分オートエンコーダー」の場合は、ノイズを加える過程をモデル化しますが、この方法だと1ピクセル単位で最適化が行われるので、生成画像がぼやけてしまうという問題が発生します。これに対し、GANはニューラルネットワークを用いてノイズを最適化するので、鮮明な画像の生成が期待できます。

●DCGAN

　DCGAN*は、より大きな画像を生成できるようにした発展形のGANです。安定して学習が行えるDCGANを作成するため、次の指針が提案されています。

❶識別器にはストライド2の畳み込み層を配置し、生成器にはストライド2の転置畳み込み層を配置する。

❷生成器の全結合層と転置畳み込み層1で「バッチ正規化」を行う。

＊**DCGAN**　Deep Convolutional Generative Adversarial Networksの略。

❸生成器は全結合層と転置畳み込み層を2層、識別器は畳み込み層を2層と全結合層を配置したディープなネットワークとする。

❹生成器では出力層を除くすべての層でReLU関数やその拡張版による活性化を行う。出力層はTanh関数（双曲線正接関数）を使う。

❺識別器ではすべての層でLeakyReLU関数を使う。

●DCGANによる画像生成

実際にDCGANのモデルで学習を実施してみましょう。題材にはFashion-MNISTデータセットを使用しますが、今回は学習データの画像60,000枚のみを使用します。

48-02 データセットのダウンロードとスケーリングの処理（DCGAN_FashionMNIST.ipynb）（セル1）

```
from tensorflow import keras
import numpy as np
(X_train, y_train), \
    (X_test, y_test) = keras.datasets.fashion_mnist.load_data()
X_train = X_train.astype(np.float32) / 255        # スケーリング
```

生成器のネットワークを作成します。生成器には転置畳み込み層を配置し、**特徴量マップ（チャネル）の次元を拡大して、オリジナルと同じ28×28のサイズの画像を出力させます。**

●全結合層

入力データの形状	(, 100)のデータを(, 6272)のニューロンに入力
出力データの形状	(, 6272)の形状を(7, 7, 128)に変換

・出力値を正規化

●転置畳み込み層1

入力データの形状	(7, 7, 128)
フィルター	5×5を64セット
ストライド	2
出力データの形状	(14, 14, 64)

・出力値を正規化
・SELU関数で活性化

●転置畳み込み層2

入力データの形状	(14, 14, 64)
フィルター	5×5を1セット
ストライド	2
出力データの形状	(28, 28, 1)

・Tanh関数で活性化

48-03 生成器のネットワークを作成（セル2）

```python
import tensorflow as tf

import tensorflow.keras as keras

import numpy as np


# ノイズの次元数

noise_num = 100


# 生成器

generator = keras.models.Sequential([
    # 全結合層: (bs, 100)->(bs, 6272)

    keras.layers.Dense(7 * 7 * 128, input_shape=[noise_num]),

    # データの形状を変換: (bs, 6272)->(bs, 7, 7, 128)

    keras.layers.Reshape([7, 7, 128]),

    # 出力値を正規化する: (bs, 7, 7, 128)

    keras.layers.BatchNormalization(),


    # 転置畳み込み層1: (bs, 7, 7, 128)->(bs, 14, 14, 64)

    keras.layers.Conv2DTranspose(
        64,                        # フィルター数64

        kernel_size=5,             # フィルターサイズ5×5

        strides=2,                 # ストライド2

        padding='same',            #入力と同じ高さ/幅の次元になるようにパディング

        activation="selu"),        # SELU関数を適用

    # 出力値を正規化する: (bs, 14, 14, 64)

    keras.layers.BatchNormalization(),
```

```
      # 転置畳み込み層2: (bs, 14, 14, 64)->(bs, 28, 28, 1)
    keras.layers.Conv2DTranspose(
        1,                      # フィルター数1
        kernel_size=5,          # フィルターサイズ5×5
        strides=2,              # ストライド2
        padding='same',         # 入力と同じ高さ/幅の次元になるようにパディング
        activation="tanh")      # Tanh関数を適用
])
# サマリを出力
generator.summary()
```

●出力された生成器のサマリ

```
Model: "sequential"


Layer (type)                  Output Shape              Param #
=================================================================
dense (Dense)                 (None, 6272)              633472
reshape (Reshape)             (None, 7, 7, 128)         0
batch_normalization           (None, 7, 7, 128)         512
conv2d_transpose              (None, 14, 14, 64)        204864
batch_normalization_1         (None, 14, 14, 64)        256
conv2d_transpose_1            (None, 28, 28, 1)         1601
   (Conv2DT ranspose)
=================================================================
Total params: 840,705
Trainable params: 840,321
Non-trainable params: 384
```

　次に、識別器のネットワークを作成します。識別器は次の層で構成された**畳み込み
ニューラルネットワーク（CNN）**です。

●畳み込み層1

入力データの形状	(28, 28, 1)
フィルター	5×5を64セット
ストライド	2
出力データの形状	(14, 14, 64)

・LeakyReLU関数で活性化
・出力を40%ドロップアウト

●畳み込み層2

入力データの形状	(14, 14, 64)
フィルター	5×5を128セット
ストライド	2
出力データの形状	(7, 7, 128)

・LeakyReLU関数で活性化
・出力を40%ドロップアウト

●全結合層

入力データの形状	(7, 7, 128) を (, 6272) にフラット化して入力
ニューロンの数	1
出力データの形状	(, 1)

・シグモイド関数で活性化

48-04 識別器のネットワークを作成 (セル3)

```
discriminator = keras.models.Sequential([

    # 畳み込み層1: (bs, 28, 28, 1)->(bs, 14, 14, 64)

    keras.layers.Conv2D(

        64,                          # フィルター数64

        kernel_size=5,               # フィルターサイズ5×5

        strides=2,                   # ストライド2

        padding='same',              #入力と同じ高さ/幅の次元になるようにパディング

        activation=keras.layers.LeakyReLU(0.2), # LeakyReLU関数を適用
                                     # 係数は0.2 (デフォルトは0.01)

        input_shape=[28, 28, 1]),    # 入力データの形状


    # 40%のドロップアウト: (bs, 14, 14, 64)

    keras.layers.Dropout(0.4),


    # 畳み込み層2: (bs, 14, 14, 64)->(bs, 7, 7, 128)
```

```
    keras.layers.Conv2D(
        128,                    # フィルター数128
        kernel_size=5,    # フィルターサイズ5×5
        strides=2,          # ストライド2
        padding='same',   #入力と同じ高さ/幅の次元になるようにパディング
        activation=keras.layers.LeakyReLU(0.2)), # LeakyReLU関数を適用

    # 40%のドロップアウト
    keras.layers.Dropout(0.4),
    # データをフラット化： (bs, 6272)
    keras.layers.Flatten(),

    # 全結合層： (bs, 6272)->(bs, 1)
    keras.layers.Dense(
        1,                      # ユニット数1
        activation="sigmoid") # シグモイド関数を適用
])
# サマリを出力
discriminator.summary()
```

●出力された識別器のサマリ

Layer (type)	Output Shape	Param #
conv2d (Conv2D)	(None, 14, 14, 64)	1664
dropout (Dropout)	(None, 14, 14, 64)	0
conv2d_1 (Conv2D)	(None, 7, 7, 128)	204928
dropout_1 (Dropout)	(None, 7, 7, 128)	0
flatten (Flatten)	(None, 6272)	0
dense_2 (Dense)	(None, 1)	6273

Total params: 212,865
Trainable params: 212,865
Non-trainable params: 0

生成器と識別器のネットワークでDCGANのモデルを作成します。

48-05 DCGANのモデルを作成 (セル4)

```
gan = keras.models.Sequential([generator, discriminator])
gan.summary()
```

● モデルのサマリ

```
Model: "sequential_3"


 Layer (type)                    Output Shape              Param #
=================================================================
 sequential_1 (Sequential)       (None, 28, 28, 1)         840705

 sequential_2 (Sequential)       (None, 1)                 212865

=================================================================
Total params: 1,053,570

Trainable params: 1,053,186

Non-trainable params: 384

```

識別器は単独で学習を行うので、ここでコンパイルしておきます。DCGANのモデルについてもコンパイルします。

48-06 識別器とDCGANのモデルをコンパイル (セル5)

```
# 識別器のみ単独で学習を行うのでコンパイルしておく
discriminator.compile(
    loss="binary_crossentropy",  # 二値交差エントロピー誤差
    optimizer="rmsprop")         # オプティマイザーはRMSprop
# 識別器単独の学習モードをオフにする
discriminator.trainable = False
# DCGANのモデルをコンパイル
gan.compile(loss="binary_crossentropy",  # 二値交差エントロピー誤差
            optimizer="rmsprop")         # 勾配降下アルゴリズムはRMSprop
```

学習を1回終えるたびに、生成器によって生成された画像を出力するので、そのための描画用関数を作成しておきます。

48-07　学習中の生成画像を描画する関数（セル6）

```python
import matplotlib.pyplot as plt

def plot_multiple_images(images, n_cols=None):
    '''
    Parameters:
        images: 生成器によって生成された画像
        n_cols: 描画領域の列数
    '''
    # 描画領域の列数を取得
    n_cols = n_cols or len(images)
    # 描画領域の行数を取得
    n_rows = (len(images) - 1) // n_cols + 1
    # 生成画像の最後の次元が1の場合は削除する
    # (bs, 28, 28, 1) -> (bs, 28, 28)
    if images.shape[-1] == 1:
        images = np.squeeze(images, axis=-1)
    # 描画エリアを設定
    plt.figure(figsize=(n_cols, n_rows))
    # 画像を出力
    for index, image in enumerate(images):
        plt.subplot(n_rows, n_cols, index + 1)
        plt.imshow(image, cmap="binary")
        plt.axis("off")
```

学習のための処理を関数としてまとめておきます。

48-08　学習を実行する関数（セル7）

```python
def train_gan(gan, dataset, batch_size, noise_num, n_epochs):
```

```
'''学習を実行
```

```
Parameters:
  gan: DCGANのモデル
  dataset: 訓練データ(bs, 28, 28, 1)
  batch_size: ミニバッチのサイズ
  noise_num: ノイズの次元数
  n_epochs: 学習回数
'''
# DCGANのモデルから生成器と識別器のネットワークを抽出
generator, discriminator = gan.layers
# 学習のループ(エポック)
for epoch in range(n_epochs):
    # 現在のエポック数を出力
    print("Epoch {}/{}".format(epoch + 1, n_epochs))


    # バッチデータのループ(ステップ)
    for X_batch in dataset:
        # -----識別器の学習-----
        # 標準正規分布からノイズをバッチサイズの数だけ生成: (bs, 100)
        noise = tf.random.normal(shape=[batch_size, noise_num])
        # 生成器にノイズを入力してフェイク画像を出力: (bs, 28, 28, 1)
        generated_images = generator(noise)
        # フェイク画像とオリジナル画像を0の次元で結合
        # (bs, 28, 28, 1), (bs, 28, 28, 1) -> (bs×2, 28, 28, 1)
        X_fake_and_real = tf.concat(
                            [generated_images, X_batch], axis=0)
        # フェイク画像の正解ラベル0、オリジナル画像の正解ラベル1を
        # それぞれバッチデータの数だけ生成: 出力(bs×2, 1)
        y1 = tf.constant([[0.]] * batch_size + [[1.]] * batch_size)
        # 識別器を学習モードにする
        discriminator.trainable = True
        # 識別器にフェイク画像とオリジナル画像のセット(bs×2, 28, 28, 1)、
        # 正解ラベル(bs×2, 1)を入力して、フェイク画像を0、
        # オリジナル画像を1に分類できるように学習する
```

```
                discriminator.train_on_batch(X_fake_and_real, y1)


                # -----生成器の学習-----
                # 標準正規分布からノイズをバッチサイズの数だけ生成： (bs, 100)
                noise = tf.random.normal(shape=[batch_size, noise_num])
                # フェイク画像の正解ラベル1(本物)をバッチデータの数だけ生成
                # (bs, 1)
                y2 = tf.constant([[1.]] * batch_size)
                # 識別器の学習は行わない
                discriminator.trainable = False
                # DCGANのモデルにフェイク画像と正解ラベル(1)を入力し、
                # フェイク画像を本物(1)と判定するように生成器のみ学習を行う
                gan.train_on_batch(noise, y2)


                # 1エポック終了ごとにフェイク画像を出力
                plot_multiple_images(generated_images,
                                     10              # 1行に10枚ずつ出力
                                     )
            plt.show()
```

　学習回数を10回とし、確率的勾配降下法のバッチサイズ(サンプルサイズ)を40にして、学習を開始します。

48-09 　学習を実行(セル8)

```
batch_size = 40
n_epochs = 10


# 訓練データの構造を変換： (60000, 28, 28)->(60000, 28, 28, 1)
X_train_dcgan = X_train.reshape(-1, 28, 28, 1) * 2. - 1.
# 訓練データをスライスしてイテレート可能なデータセットを作成
dataset = tf.data.Dataset.from_tensor_slices(X_train_dcgan)
# データセットから1000個単位でランダムにサンプリング
dataset = dataset.shuffle(1000)
```

```
# すべてのデータを網羅するミニバッチを作成
dataset = dataset.batch(batch_size, drop_remainder=True).prefetch(1)

# 学習を実行
train_gan(gan,                   # DCGANのモデル
          dataset,               # ミニバッチ単位のデータ
          batch_size,            # ミニバッチのサイズ
          noise_num,             # ノイズの次元数 (100)
          n_epochs=n_epochs)     # 学習回数
```

以下、1回目の学習結果、5回目の学習結果、10回目の学習結果を掲載します。

48-10　1回目の学習後に出力された生成画像

48-11　5回目の学習後に出力された生成画像

最後に、ノイズを生成し、学習済みの生成器に入力して画像を生成してみます。

48-13 ノイズを生成器に入力して画像を生成（セル9）

```
tf.random.set_seed(123)
np.random.seed(123)

noise = tf.random.normal(shape=[batch_size, noise_num])
generated_images = generator(noise)
plot_multiple_images(generated_images, 10)
```

48-14 生成された画像

資料

資料編の01では、PythonとVisual Studio Codeのダウンロードとインストール方法を紹介します。

続く資料編の02では、Visual Studio Code上でNotebookを使うための設定方法やPythonの外部ライブラリのインストール方法について紹介します。

本書のハンズオン (プログラミングを実践する箇所) の事前準備に必要なことが書かれていますので、ご確認ください。

01 PythonとVisual Studio Code のインストール

Python本体は、「pathon.org」のサイトからダウンロードできます。

●Pythonのインストーラーをダウンロードする

ブラウザーで「https://www.python.org/downloads/」のページを開くと、画面の中段付近にあるバージョン別のダウンロードページへのリンクがあります。2023年6月現在で、外部ライブラリのTensorFlowがPythonのバージョン3.10または3.11に対応していますので、「Python 3.10.xx」または「Python 3.11.xx」のリンクをクリックします。

▼ Python の各バージョンのインストールページへのリンク

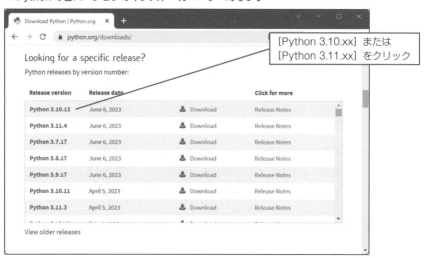

表示されたページに「Files」という項目がありますので、Windowsの場合は「Windows installer (64-bit)」、macOSの場合は「macOS 64-bit universal2 installer」をクリックすると、ダウンロードが開始されます。

▼ Python のダウンロード

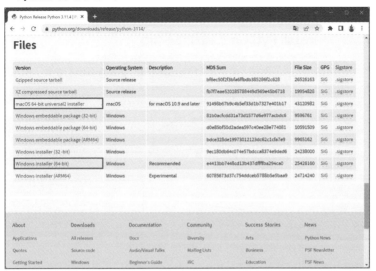

　選択したバージョンによっては、インストーラーが用意されていない場合があります。その場合はPythonの他のバージョンを選択してください。

●Pythonをインストールする

　ダウンロード後にインストーラーを起動し、画面の指示に従って操作を進めてインストールします。

　Windowsの場合、ダウンロードされた「python-3.xx.x-amd64.exe」をダブルクリックして起動します。

　[Install Now] の下にインストール先のパスが表示されているので、記録しておきましょう。VSCodeを設定する際に必要になることがあるためです。

　インストール先のパスを控えたら、**[Add python.exe to PATH]** にチェックを入れ、**[Install Now]** をクリックしてインストールを進めます。

▼インストーラーの最初の画面

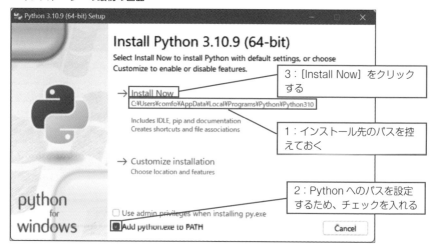

macOSの場合は、ダウンロードされたpkgファイルをダブルクリックするとインストーラーが起動するので、画面の指示に従ってインストールを行ってください。

●Visual Studio Code のダウンロードとインストール

Pythonを用いた機械学習のプログラミングでは、開発環境として「**Jupyter Notebook**」を用いるのが主流です。

ここでは、Microsoft社が開発したソースコードエディター「**Visual Studio Code**」(以下「**VSCode**」と表記します)をインストールし、VSCode上でJupyter Notebook を実行するための手順を紹介します。

●VSCodeのダウンロードとインストール (Windows版)

VSCodeのサイトにアクセスして、インストーラーをダウンロードします。

❶ブラウザーを起動して「https://code.visualstudio.com/」にアクセスしましょう。ダウンロード用ボタンの▼をクリックして、[**Windows x64 User Installer**]の[**Stable**]のダウンロード用アイコンをクリックします。

▼ VSCode のインストーラーをダウンロードする

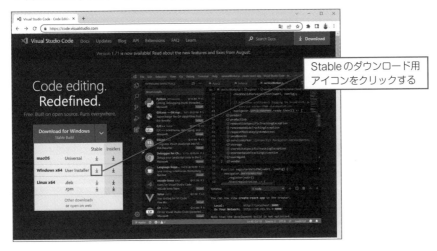

Stable のダウンロード用
アイコンをクリックする

❷ダウンロードした「VSCodeUserSetup-x64-x.xx.x.exe」(x.xx.xはバージョン番号) をダブルクリックして、インストーラーを起動します。

❸インストーラーを起動すると、「使用許諾契約書の同意」の画面が表示されます。内容を確認して [同意する] をオンにし、[次へ] ボタンをクリックします。

▼ VSCode のインストーラー

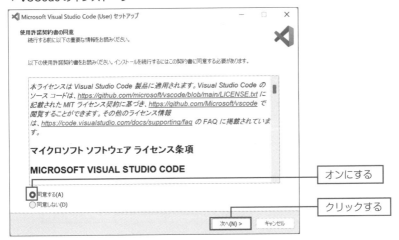

オンにする

クリックする

❹インストール先のフォルダーが表示されるので、これでよければ **[次へ]** ボタンを
クリックします。変更する場合は **[参照]** ボタンをクリックし、インストール先を指
定してから **[次へ]** ボタンをクリックします。

▼ VSCode のインストーラー

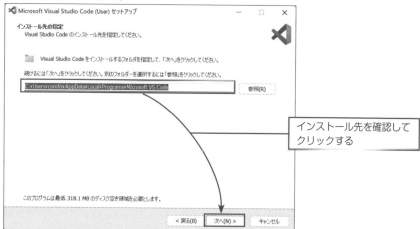

インストール先を確認して
クリックする

❺ショートカットを保存するフォルダー名が表示されるので、このまま **[次へ]** ボタ
ンをクリックします。

▼ VSCode のインストーラー

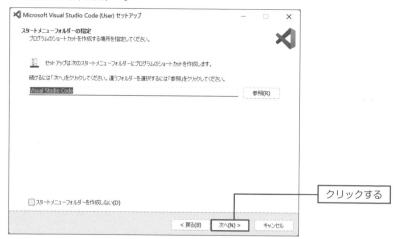

クリックする

VSCodeを実行する際のオプションを選択する画面が表示されます。

❻ [サポートされているファイルの種類のエディターとして、Codeを登録する]と
[PATHへの追加 (再起動後に使用可能)]がチェックされた状態にしておき、必要
に応じて他の項目もチェックして、[次へ]ボタンをクリックします。

▼ VSCode のインストーラー

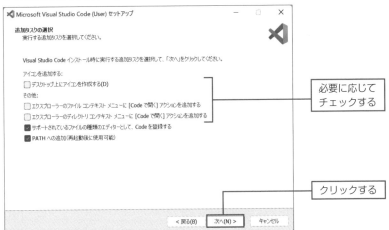

❼ [インストール]ボタンをクリックして、インストールを開始します。

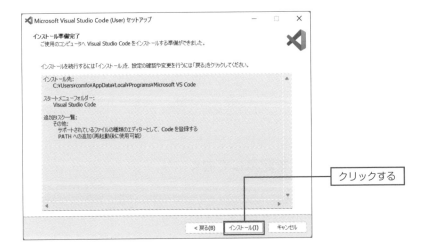

❽インストールが完了したら、[完了] ボタンをクリックしてインストーラーを終了しましょう。

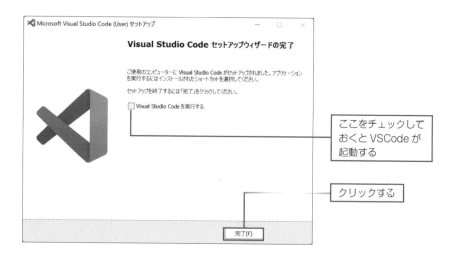

●macOS版VSCodeのダウンロードとインストール

macOSの場合は、「https://code.visualstudio.com/」のページでダウンロード用ボタンの▼をクリックして、[macOS] の [Stable] のダウンロード用アイコンをクリックします。

ダウンロードしたZIP形式ファイルをダブルクリックして解凍すると、アプリケーションファイル「VSCode.app」が作成されるので、これを「アプリケーション」フォルダーに移動します。以降は、「VSCode.app」をダブルクリックすれば、VSCodeが起動します。

Attention インストール先を記録しておく

Pythonのインストール先は、VSCodeを設定する際に必要になることがあるので、インストール先のパスを控えておきましょう。

Visual Studio Codeの設定

VSCodeの各種の設定を行います。

●VSCodeの日本語化

VSCodeは、初期状態でメニューをはじめとするすべての項目が英語表記になっていますが、「**日本語化パック** (Japanese Language Pack for VSCode)」をインストールすることで、日本語表記にすることができます。

日本語化パックは、次の2つの方法のいずれかを利用してインストールすることができます。

・VSCodeの初回起動時のメッセージを利用する
・Extensions Marketplaceタブを利用する

▼初回起動時のメッセージから日本語化パックをインストールする

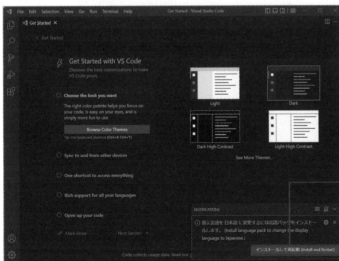

クリックする

●初回起動時のメッセージを利用してインストールする

VSCodeを初めて起動したときに、日本語化パック (Japanese Language Pack for VSCode) のインストールを促すメッセージが表示されます。この場合、**[インストールして再起動 (Install and Restart)]** をクリックすると、日本語化パックがインストールされます。

•「Extensions Marketplace」からインストールする

VSCodeには、拡張機能をインストールするための **[Extensions Marketplace]** ビューがあるので、これを使って日本語化パックをインストールする方法を紹介します。

❶VSCodeを起動し、画面左側のボタンが並んでいる領域 (アクティビティバー) の **[Extension]** ボタンをクリックします。

▼ VSCode のアクティビティバー

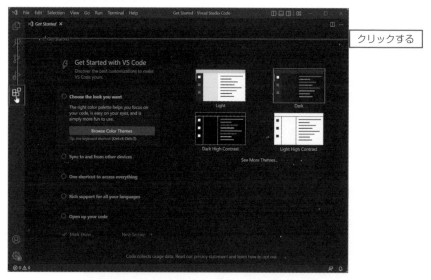

❷ **[Extension]** ビューが開きます。ここで検索欄に「Japanese」と入力すると「Japanese Language Pack for VSCode」が検索されるので、**[Install]** ボタンをクリックします。

▼「Japanese Language Pack for VSCode」のインストール

「Japanese」と
入力する

[Install] ボタン
をクリックする

❸インストールが完了すると、VSCodeの再起動を促すメッセージが表示されるの
で、[Change Language and Restart] ボタンをクリックします。

▼ VSCode の再起動

クリックする

●画面全体の配色を設定する

VSCodeの画面には「配色テーマ」が適用されていて、暗い色調や淡い色調で表示されるようになっています。ここでは、[Dark Visual Studio] が適用されている状態から [Light Visual Studio] に切り替えて、白を基調にした淡い色調に切り替えてみます。

❶ [ファイル] メニューをクリックして、[ユーザー設定] ➡ [テーマ] ➡ [配色テーマ] を選択します。

▼ [ファイル] メニュー

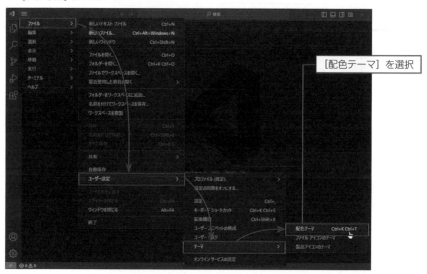

❷設定したい配色テーマを選択します。ここでは [Light Visual Studio] を選択します。

▼配色テーマの設定

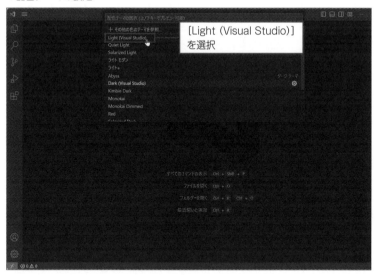

[Light（Visual Studio）]
を選択

❸選択した配色テーマが適用されます。

▼配色テーマ設定後の画面

選択した配色テーマが
適用される

●VSCodeでJupyter Notebookを使う

　拡張機能「Python」は、Microsoft社が提供しているPython用の拡張機能です。VSCodeにインストールすることで、インテリセンスによる入力候補の表示が有効になるほか、デバッグ機能その他の開発に必要な機能が使えるようになります。また、拡張機能として「Jupyter」も同時にインストールされるので、VSCode上でJupyter Notebookを実行できるようになります。

●拡張機能「Python」をインストールする

　拡張機能「Python」をインストールしましょう。

❶ [アクティビティバー]（画面右端の縦長の領域）の [拡張機能] ボタンをクリックします。
❷ [拡張機能] ビューが表示されるので、入力欄に「Python」と入力します。
❸ 関連する拡張機能が一覧表示されるので、候補の一覧から「Python」を選択します。
❹ [インストール] ボタンをクリックします。

▼ Python のインストール

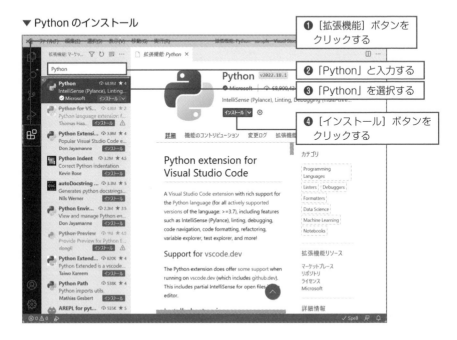

● Notebookの作成

❶ Notebookを保存するための専用フォルダーを、任意の場所に作成しましょう。

❷ 作成が済んだらVSCodeの[**ファイル**]メニューの[**フォルダーを開く**]を選択して、作成したフォルダーを開きます。VSCodeの [エクスプローラー] が開いて、フォルダーの内部が表示されます。

❸ [**エクスプローラー**] の上部右側の [**新しいファイル**] ボタンをクリックします。

❹ 「notebook1.ipynb」と入力して [ENTER] キーを押します。Notebookの名前は任意でかまいませんが、拡張子を「.ipynb」にするのがポイントです。

▼ Notebook の作成

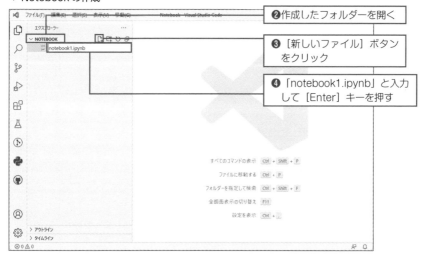

❷ 作成したフォルダーを開く

❸ [新しいファイル] ボタンをクリック

❹ 「notebook1.ipynb」と入力して [Enter] キーを押す

● Pythonの仮想環境の作成

Pythonは「仮想環境」という仕組みを使って、プログラミングの用途別にPythonの実行環境を用意することができます。ここでは、作成したNotebookと同じフォルダーに仮想環境を作成し、Notebookと連動して実行されるようにします。

❶ Notebookを作成すると画面が開くので、[**カーネルの選択**] をクリックし、上部に開いたパネルの [**Python環境**] を選択します。

▼ ［Python 環境］の選択

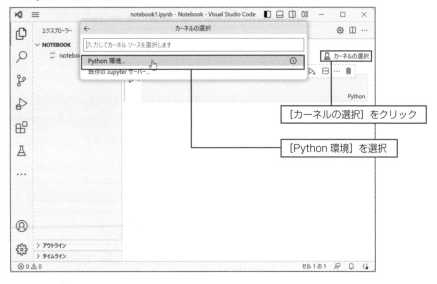

[カーネルの選択] をクリック

[Python 環境] を選択

❷ ［＋Python環境の作成］を選択します。

▼ ［＋ Python 環境の作成］の選択

[＋Python 環境の作成] を選択

❸仮想環境の作成を始めます。[**Venv 現在のワークスペースに'venv'仮想環境を作成します**] を選択します。

▼仮想環境の作成

[Venv 現在のワークスペースに
'venv' 仮想環境を作成します]
を選択

　インストール済みのPythonのパスが表示されている場合はこれを選択すると、仮想環境が作成されます。Pythonのパスが表示されていない場合は、[**＋インタープリターパスを入力**] を選択します。

▼仮想環境の作成

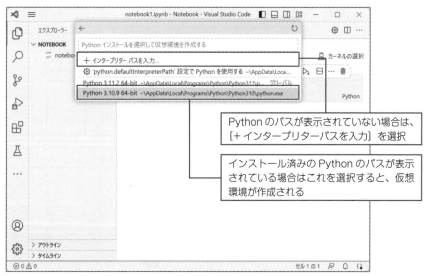

Python のパスが表示されていない場合は、
[＋ インタープリターパスを入力] を選択

インストール済みの Python のパスが表示
されている場合はこれを選択すると、仮想
環境が作成される

❺先の画面で [＋インタープリターパスを入力] を選択した場合は、パスの入力欄が表示されるので、「python.exe」のパスを入力して ［ENTER］ キーを押します。

● Python 3.10のパスの例 (Windows)

```
C:\Users\＜ユーザー名＞\AppData\Local\Programs\Python\Python310\
python.exe
```

▼仮想環境の作成

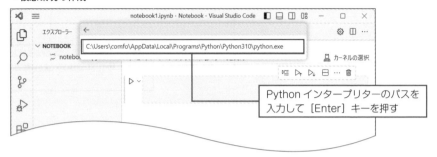

「.venv」フォルダーにPythonの仮想環境が作成されます。

▼ Notebook 用のフォルダー以下に作成された仮想環境

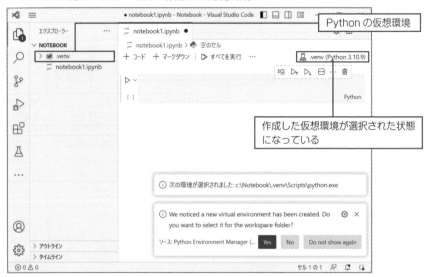

●外部ライブラリのインストール

　機械学習のプログラミングでは、Pythonの様々な**外部ライブラリ**を使います。ここでは、VSCodeの**[ターミナル]**を使ってライブラリをインストールする方法を紹介します。

❶ VSCodeの**[ターミナル]**メニューの**[新しいターミナル]**を選択します。

▼ [ターミナル] の起動

❷画面下部に [ターミナル] が開きます。

▼ VSCode の [ターミナル]

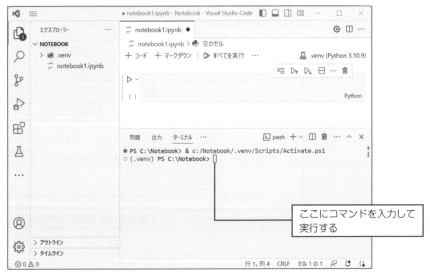

ここにコマンドを入力して実行する

[ターミナル]は仮想環境と連動して起動しているので、以下のようにpipコマンドを実行して各ライブラリのインストールを行ってください。

● NumPy (数値計算用ライブラリ)

```
pip install numpy
```

● Pandas (データ分析用ライブラリ)

```
pip install pandas
```

● Matplotlib (グラフ描画用ライブラリ)

```
pip install matplotlib
```

● Seaborn (グラフ描画用ライブラリ)

```
pip install seaborn
```

● scikit-learn (機械学習用ライブラリ)

```
pip install scikit-learn
```

● TensorFlow (機械学習用ライブラリ)

```
pip install tensorflow
```

● Notebookの画面とプログラムの実行

　Notebookの画面には、ソースコードを入力して実行するための機能がコンパクトにまとめられています。

▼ Notebook の画面

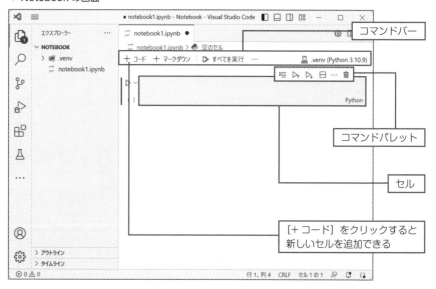

❶次のように入力して、[**セルの実行**] ボタンをクリックします。

▼セルのソースコードを実行する

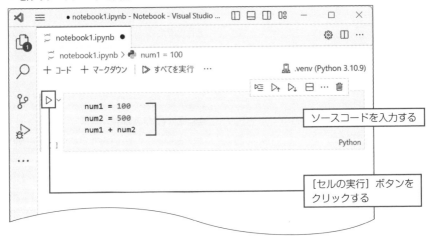

　セルの下に実行結果が出力されます。Notebookはインタラクティブシェル (対話型シェル) として動作するので、変数名を入力した場合はその値が出力され、計算式を入力すると計算結果が出力されます。

▼セルの実行結果

❷新しいセルは、コマンドバーの [＋コード] をクリックすることで追加できます。
　Notebook を保存するには、[**ファイル**] メニューの [**保存**] を選択します。

●索引

アルファベット

●参考文献

・『HANDS ON MACHINE LEARNING WITH SCIKIT LEARN, KERAS & TENSORFLOW 2/ ED UPDATED FOR TENSORFLOW 2』 Aurélien Géron（著） O'Reilly Media　2019年刊

・『機械学習のエッセンス　実装しながら学ぶPython、数学、アルゴリズム』
加藤 公一（著）　SBクリエイティブ　2018年刊

・『サポートベクトルマシン』竹内 一郎／烏山 昌幸（著）　講談社　2015年刊

・『やさしく学べるサポートベクトルマシン：数学の基礎とPythonによる実践』
田村 孝廣（著）　オーム社　2022年刊

・『AI・データサイエンスのための 図解でわかる数学プログラミング』
松田 雄馬／露木 宏志／千葉 彌平（著）　ソーテック社　2021年刊

・『スパース回帰分析とパターン認識』梅津佑太／西井龍映／上田勇祐（著）　講談社　2020年刊

・『これなら分かる最適化数学：基礎原理から計算手法まで』金谷 健一（著）　共立出版　2005年刊

・『微分と積分 改訂第3版（ニュートン別冊）』ニュートンプレス　2022年刊

・『こんなに便利な指数・対数とベクトル（ニュートン別冊）』ニュートンプレス　2021年刊

・『東京大学のデータサイエンティスト育成講座』
中山 浩太郎（監修）松尾 豊（協力）塚本 邦尊／山田 典一／大澤 文孝（著）　マイナビ出版　2019年刊

●ダウンロードサービスのご案内

　本書で使用しているサンプルプログラムは、以下の秀和システムのWebサイトからダウンロードできます。

https://www.shuwasystem.co.jp/support/7980html/6687.html

PC・IT図解

機械学習の技術としくみ

発行日　2023年10月 5日	第1版第1刷

著　者　金城　俊哉

発行者　斉藤　和邦

発行所　株式会社　秀和システム

〒135-0016

東京都江東区東陽2-4-2　新宮ビル2F

Tel 03-6264-3105（販売）Fax 03-6264-3094

印刷所　三松堂印刷株式会社　　　　　Printed in Japan

ISBN978-4-7980-6687-5 C3055